湛庐文化 Cheers Publishing

a mindstyle business

与 思 想 有 关

湛庐文化
Cheers Publishing
a mindstyle business
与 思 想 有 关

Activate
Your
Goodness

Shari Arison

莎莉·阿里森

全球最环保的亿万富翁

> 正是曾经的顺境和逆境造就了今天的我。我比此前任何时候都要坚定地决心承担起自己的责任，尽我所能，让这个世界变得更美好。

坐拥 51 亿美元资产的以色列女首富

莎莉·阿里森是一位出生于美国的以色列商人、慈善家。这位以色列女首富从已故父亲特德·阿里森（Ted Arison）手中继承了以色列最大的企业嘉年华邮轮公司（Carnival Cruises）、以色列工人银行（Bank Hapoalim）等的股份。2011 年，她还收购了哥哥持有的阿里森控股公司（Arison Holdings）的股份，以 51 亿美元的资产跻身《福布斯》以色列富豪榜第三位，一举成为中东地区最富有的女性。

2 《福布斯》“全世界最有实力的女性”

莎莉·阿里森每年都会向数百家从事健康、教育、文化、艺术、体育运动、助残和研究事业的非营利性组织捐赠善款。她还创立了几个在理念上富有探索性的机构，如麦田计划（Matan，旨在倡导奉献）。麦田计划被联合之路（United Way）列为典范，并标志着互助文化在以色列的诞生。

此外，阿里森还投资了多个环保项目，她清醒地意识到：主动选择那些维护世界发展的项目，实际上也是对企业发展的维护，只有当世界受益了，企业才会受益。凭借其商业和慈善事业为社会带来的积极影响，《福布斯》评选她为“全世界最有实力的女性”之一、“全球最环保的亿万富翁”。

Shari Arison

3 比尔·克林顿、西蒙·佩雷斯最为推崇的慈善事业发起人

2007年，莎莉·阿里森心怀“有一天，每个人都会为其他人或者这个世界做一些好事”的想法，在以色列首次发起了名为“Good Deeds Day”的慈善活动。这个活动最初只有几千名生活在以色列的志愿者参加，此后，参加人数逐年成倍增长。现在它已突破年龄与国界，成为国际行善日。截至目前，“Good Deeds Day”活动已横跨五大洲，遍及全球61个国家和地区，志愿者人数更是达到93万人。

美国前总统比尔·克林顿称阿里森的努力为这个世界带来了积极和深刻的影响，她的不懈努力和追求感动了所有人，让世界变得更加美好；以色列前总理、1994年诺贝尔和平奖得主西蒙·佩雷斯评价阿里森是一个充满智慧和能力的人。除此之外，摩根大通前CEO玛丽·欧朵思、以色列工人银行董事会主席亚尔·塞鲁西、全球最具影响力的心灵导师之一狄巴克·乔布拉、畅销书《前世今生：生命轮回的启示》作者布莱恩·魏斯都给予她高度的肯定和极高的赞誉！

你的善意终将改变这个世界

[以] 莎莉・阿里森（Shari Arison）◎著
陈慧健 ◎译

任何一个人

都可以通过自己的善行

让美好的事情发生，

首先是自己，

然后是将这份美好传播到更广阔的世界

……

中文版序

善意无国界，我们拥有共同的未来

我怀着一颗诚挚的心，希望所有的人都能够执善念、举善行。在人类历史的长河中，最熠熠生辉、璀璨夺目的，是每一代人都视若珍宝、传承不息的精神美德。那么，在这个时代里，我们也有责任把从善的美德在我们生活的地球上传播开来、传递给下一代，召唤人们心怀善念，并把善念变成善行，从而改变现实。我坚信，任何人，只要他愿意，就可以为这个世界创造美好！这本书为此提供了实践指导，它会告诉你如何从善念开始，使你和你身边的人成就更好的自己。

我立志尽一己之所能，带给这个世界积极的影响。我所执掌的阿里森集团，公司业务和慈善事业遍布五大洲的 40 多个国家和地区，我们团队在运营项目的时候，首要遵守的是道德标准。在集团多元化的业务领域里（金融、房地产、基建、再生能源、水务和盐业），以及在多种形式的慈善事业尝试中（诸如倡导并举办 Good Deeds Day［行善日］活动、开通具有全球视野的网络平台 Goodnet.org，等等），通过以精神价值为导向的投资，让这些项目具有了精神价值的内核。我们意识到，正是这种善意的视角，使得从社会到环境、再到经济，各个方面的利益都得到了保障。

行善日 10 周年生日，期待你的参与

我在这本书中阐释了我的人生格言"为善思，行善言，举善行"，也介绍了通过善意改变你自己和周围人的方法。2007 年，我发起了行善日活动，邀请人们走出家门，为他人和我们生活的地球做点儿力所能及的好事。在不到 10 年的时间里，行善日活动突破国界，被拥有不同文化背景的人们接受。尤其在本书出版以后，当 2015 年的行善日活动到来时，有来

自 61 个国家和地区的近 100 万名志愿者贡献了 300 余万小时庆祝这个日子。在过去的几年里，和我们合作过的机构有数百家非营利性组织，其中不乏一些知名的大型机构。随着行善日活动影响力的日益扩大，我也更有信心和动力把它推广到世界更多的地方。2016 年，行善日将迎来它 10 岁的生日，我邀请你们——来自社会各个领域、不同年龄、不同职业的人们凝聚到一起，在中国举行行善日活动，共同谱写善意的乐章。

行善日活动的内容包括打扫社区卫生、探望老人、陪伴住院的病人、照料流浪动物，等等。善事不论大小，也许只是一个微笑，但它可以令人快乐一天；也许是参与一项重大的社会性事件……不管怎样，只要我们能够找到适合自己的方式去传递善意，就会看到自己创造的变化。期待你在下一个行善日活动（2016 年 10 月）到来的时候，加入我们！你可以登录 gooddeedsday.com 或者 goodnet.org，来找到适合你的行善机会。

可持续发展和互助文化让世界更美好

当我们意识到行善本身就是商业的重要组成部分后，我们就能够创造长久、可持续的解决方案，因为满足人类的基本需求素来是商业活动的核心。比如在金融领域，阿里森旗下的工人银行在以色列是排名领先的一家银行，正计划在上海开分行，这是我们把以行善这一精神价值作为基石的经营理念引入亚洲金融业的重要一步。我们其他领域的经营项目也是以色列经济的支柱，同样，我们也把行善的精神价值引入到全球范围的合作，比如在马尼拉的米亚高效能水资源公司为 260 万用水困难的人们提供洁净水。

关心我们的同胞和共同生活的地球、行善事，这是具有现实意义的——人们只有互帮互助才能发展得更好。我们拥有一个共同的未来，每个人都有责任关心和照顾自己、他人和地球。本书将告诉你，我在一个经商的家庭里的成长历程，从小我就见证了我们和周围的人、和这个世界的联系，正因为如此，我在长大以后一直践行着行善的理念。你还会从这本书里看到很多其他人的故事和想法，他们的善行创造的改变也激励了我。

我来过一次中国，我非常喜欢那次的中国之行。中国的风景、中国的人民、中国的文化和历史，对于我来说都是新鲜而有趣的。我怀念那段在中国的时光！那时，我甚至抱过熊猫宝宝，这种经历真的难忘极了！当我回国之后，我会向遇到的每一个人推荐中国，告诉他们有机会一定要来中国看看。中国人口众多，世界影响力巨大，因此，对于我来说，这本书的中文版能出版是一件非常重要的事情。我衷心地希望，通过这本书可以和在中国的读者分享、交流行善的理念和方式。

谨以此书献给所有行善、造福他人的人们！愿你们喜欢这本书！

我的行善动力

我总是不余遗力地鼓励人们行善。我为何会有这种想法呢？在寻找答案的时候我发现，之所以这样做竟是因为我走过的这条漫长而艰辛的人生道路。

原谅生活中的所有刁难

我出生在美国，父亲是以色列人，母亲是罗马尼亚人。在孩提时代，我几乎得不到母亲的爱，因为她不喜欢美国，而我却是一个美国人。

回首儿时的纽约生活，我竟联想到了 2011 年上映的电影《相助》（*The Help*）中的那些情境。电影讲述的是 20 世纪 60 年代美国南部一名黑人女佣的故事。当时，我家的女佣叫玛丽，我父母对她还不错。那时父母成天都在外面工作，而我是在玛丽的照料下长大的。

在我 9 岁时，我们全家搬到了迈阿密，让我伤心不已的是，玛丽并没有随行。紧接着，更让我震惊和难以接受的事情发生了——父母对我宣布了他们要离婚的消息：母亲准备去以色列生活，而父亲依然留在迈阿密，继续追逐他的美国梦——财富、取得成功。不谙世事的我，隐隐约约地觉察到这些事情的背后一定有什么联系，可是当时我说不清这种联系到底是什么。

从那时候开始，我的生活发生了翻天覆地的变化。你可以想象一个小女孩总是独自穿梭在喧嚣的机场，往来于美国和以色列吗？当从以色列到美国的旅途中遇到转机时，她也得一个人勇敢去面对，你能够想象她内心的恐慌吗？

有一次，我在阿姆斯特丹机场迷路了，我害怕得要命。不过幸好，总算还有玛丽，每次她都会来纽约机场看我。她要亲眼看着我通过迷宫一样的安检站，到达正确的航站楼，然后顺利登上我的航班，她才会放心。玛丽是我人生中非常重要的一位朋友，后来，她也成为我孩子们的朋友。直到她去世前，我们一直保持着这份难得的友谊，我把这段友谊视若珍宝。

小时候，我时常往来于以色列和美国，这是两个在当时近乎截然不同的世界，适应这两个世界，对于我来说是一个极具考验性的挑战。我记不清自己到底转了几次学，但每一次，我都得努力去结交新的朋友。在美国的学校，我被同学嘲笑，因为我是一个以色列人；在以色列的学校里，我又被当作另类，因为我是一个美国人。

在美国，每个家庭都有电话和电视机；但是在以色列，要再等 7 年，你才会看到电话，而电视机在那里还是一个新奇的物件。左邻右舍中谁家要是有一台电视机，即便是黑白电视机，大家也都会跑去他家看电视。而且，在美国和以色列，人们认同的社会规范差异也很大。所以，我在以色列时常会产生一种错觉，好像每次我来到的都是某座孤岛，与外界失去了联络，身处在一个荒凉的、没有温暖的地方，时常怀疑自己是不是降落在了一个陌生的星球上。

后来我慢慢长大，我的人生经历和大多数人一样，并不总是一帆风顺。虽然在今天，许多人认为我在富裕的环境中长大，但实际并非如此。我的父亲经历过几次破产，他的财富都是靠他自己不懈的努力和辛勤的付出得到的。父亲是一个富有远见的人，而且始终没有放弃努力，他的好运气从创建嘉年华邮轮公司开始，这家公司让他取得了成功。公司上市时，我已经 20 多岁，但其实从我们搬到迈阿密开始，轮船就已经成为我生活中重要的组成部分了。

这么多年来，我都在美国和以色列之间来来回回，其间，我还在以色列的军队里服役，最终在迈阿密定居下来，这一住就是 16 年。我在美国与我的第一任丈夫结婚，我的前 3 个孩子也都出生在美国。在做了几年的全职妈妈之后，我重新参加工作，筹备我们的家族基金会：阿里森基金会（The Arison Foundation）；同时，我还被选入嘉年华公司董事会。没多久，我的第一次婚姻走到尽头——也就是在这时，海湾战争爆发了。我在迈阿密的家中坐立不安、满心担忧，想念我在以色列的家人、朋友，为他们的安危感到焦虑：我的妈妈、姨妈、舅舅、表亲和朋友们，他们都是我至亲之人。也就是在面对这些令我措手不及的事情时，我听到了来自内心的召唤，知道了自己最想去的地方——那个地方牵动着我的心，它就是以色列。

那个时候，我已经遇到并且嫁给了我的第二任丈夫，我们在 1991 年夏带着 3 个孩子一起搬到了以色列，我的第 4 个孩子就出生在那里。此时，我再次面对适应新环境的挑战，随着年龄的增长和身份的改变，我的心智也发生了巨变——我发现在同样的情况下，离开原来熟悉的环境，来到新的环境，面对新的生活方式和思维方式，现在的我和小时候的我有着许多不同的心境。现在的我作为一名成熟的女性、一位 4 个孩子的母亲，承担着更多的责任，我努力在新环境中让生活步入正轨。我创办了基金会，创立了自己的事业，我与家人、故友重新取得了联系，我还认识了许多新的朋友，回到了充实、快乐的人生状态。

但是，我还是不得不面对由文化差异带来的触动，有时候甚至是震撼。这种差异会体现在每天最日常、最琐碎的事情上，比如银行的运行方式、美元汇率的浮动、人们交流和协商的态度——我在以色列遇到的和我之前在迈阿密遇到的太不一样了。尤其是沙文主义[①]，在忍受多年之后，我决定把它理解为男性世界的特色文化。

几年后，我又离婚了，然后再结婚，之后又第三次离婚。在这些经历里，我不断努力理解自身和生活。我寻找各种应对方法，参加培训班；我研习多元教义，读了很多新纪元的书；我不断学习，不断成长……继续学习，继续成长。

我学到的很重要一课是：**生活总会给我们出各种难题，问题的关键是我们如何处理这些难题。**

善思、善言、善行，我的人生被照亮

不管怎么做，我总觉得自己得付出许多，承受巨大的情感上的痛苦才能习得人生的这一课，直到几年前的一天，我突然醒悟。它就像是在黑暗之中，突然亮起的一盏灯。我感觉自己被照亮了：我想要行善，我想要思善，我想要让自己的感觉好起来。

① 沙文主义（chauvinism）：指极端的、不合理的、过分的爱国主义，是一种极端民族主义。——编者注

当这一刻内心的转变发生的时候，我感觉自己已疲惫不堪——身体上，情感上和精神上，我厌倦了抗争。我总是在为想要的东西抗争：小时候，是为赢得父母的关注抗争，后来是为很多的观点和目标抗争，比如在特拉维夫（Tel Aviv）创办一家一流的医院。我竭力想实现这个梦想，以帮助市民得到最好的医疗救治。

我想与现实抗争，于是创办了以色列“联合之路”（United Way）。由此，一种新文化在这片土地上产生，并兴盛至今。为与现实抗争，我在自己创办的企业和慈善组织中推广富有前瞻性的做法，比如在我所控股的银行实施金融自由改革，未雨绸缪地在我的基建和房地产公司中执行绿色建筑理念。我还创办了水厂，为未来储备资源，即便最初没人明白这件事的意义。

同样，在创办诸如“回归生活”（The Essence of Life）这样的机构期间，我也经历了诸多不易。在“回归生活”创办之初，我秉承的理念是：人们唯有通过对自身的了解，强大自己的内心：找到内心的平静，才有可能向外去建立和平、宁静的世界，因为每个人既要和环境相处，也要和我们自己相处，我们得首先拥有内心的平和，才能给予这个世界和平。

紧锣密鼓的事情，让人得不到喘息的机会；但当我们把这些事情分解成流程来执行的时候，你会发现它们并不像看起来那么麻烦。这个流程的首要工作是找到正确的人选，组建团队，用价值观和目标来凝聚团队。目前，有三所大学正在对这种以价值观为基础的商业模式进行研究，并且开设了相关的课程。

也许你会说，我应该为自己不论是个人的还是事业上的收获感到满足了，我也似乎站上了人生之巅。但就在几年前，我遇到了人生的瓶颈，无论是在身体上、情感上还是在精神上，我似乎都遭遇了全面的溃败。这种感觉已存在几年了，可我竟然无法让旁人明白我的感受，在极度崩溃时，我恨不得用头去撞墙。我想撞开堵在我面前的墙，想击碎我头顶上的玻璃屋顶……那时的我面临从未有过的疲惫感，接近崩溃的边缘。

善意的力量让这个世界更加美好

我突然意识到，我并不需要去说服别人，尤其是那些看见但装作没看见的人，以及那些即便知道自己看到了，却依然不愿意作出任何改变的人——这种顿悟就像一盏灯在我面前点亮。当我怀着真挚的愿望，希望我们生活的这个世界可以变得更美好时，我想我可以做的事情就是让这个愿望生根发芽，把它传递给我身边的人。然后，找到一群和我有同样愿望的人，和他们一起在现实中付出努力，将其实现。

当我发现无需再抗争的时候，着实松了一口气！今天，我全神贯注做自己能做的事情，与和我有同样期待的人建立连接：共创一个更美好的世界。你期待这个更好的世界吗？

用长远的视角，我看到了一个美好的世界，一个和平、幸福的世界，这样说并非因为我很幼稚、盲目，而是因为我曾被伤害，遇到过各种难题，但我依然相信事情会有转机。

我从过去的经历中学到了教训，且日日如此。但现在我认为，我们并不一定非要经历痛苦才能学到人生的教训。**我的信念是：我们可以为我们自己、我们的孩子、我们的地球创造一个健康、积极的环境。**

我努力把这个信念融入到自己的生活和我的企业、慈善机构所做的每一件事情中。正因如此，我对行善充满了热情，并对行善的力量深信不疑。因此在 2007 年，我在以色列发起了名为“行善日”的活动。它从一个非常简单的想法开始：**有一天，每个人都会为他身边的人、这个世界做一些好事。**我们从几千人开始，包括我的家人和员工，此后每年参加行善日活动的队伍都在壮大，现在它突破了国界，成为国际性的行善日。

每年的行善日，我都会走出去做好事，也会到各个活动现场去巡视。目睹那么多人聚集在一起做好事，实在是一件让人开心的事情。所到之处，都会让我深受感动，我的心中充满了我看到的好事。我问自己，如果每天都是这样，这世界该有多好！我们可以做到，我完全相信这一点！

为了实现这一目标，我们每个人都应该做点什么。这就是为什么阿里森基金会的人每年都会付出更多的努力，让越来越多的人意识到行善的力量。我想要鼓励每一个人，包括儿童，来表达他们的善意，不仅仅是在这一天，而是每一天……在他们生命中的每时每刻。

在这本书里，我邀请你与我一起来了解从善念到善行所产生的力量。**这股力量能让你更加爱自己、敬重自己，它会使你成为期望中更好的自己；同时，这股力量会影响这个世界，所有的事情都会因此发生微妙而美好的变化。**

小善行，唤醒你的爱！扫码关注“庐客汇”，
回复“你的善意终将改变这个世界”，
分享你日行一善的故事。

目录

中文版序 **善意无国界，我们拥有共同的未来** / III

前　　言 **我的行善动力** / IX

01 善行，与任何杂念无关 / 001

Calling All to Do Good

正是我所经历的顺境和逆境造就了今天的我。我比此前任何时候都更坚定地决心承担起自己作为个体应尽的责任，尽我所能，让我们这个世界变得更加美好。

善行是我最好的生意

善行，让美好的事情发生
善行，令人生轻而易举地富足

02 一切从善待自己开始 / 015
Doing Good for Yourself

当你可以做到真正地接纳和关爱自己时，就能在生活中作出更好的选择，并能与环境中的负能量划清界限来保护自己。继而，你会善于换位思考、理解周围的人，你的爱会由此蔓延开来，从而让这个世界变得更加美好。

接纳自己，摆脱负能量
心向美好，发现真实的自己
抽出时间，做自己喜欢的事

03 善待身边的人 / 029
Doing Good for Those Closest to You

善意的力量无穷，它能带给我们在乎的人慰藉和快乐，它极具感染力。然而，负能量也具有同样的影响力。如果我们选择把负面情绪带回家，会发生什么？

别把负面情绪带回家
在爱的名义下，把自己放行

助人康复的泰迪熊

爱，从来不会太迟

04 善意在路上，别让你的善行迟到 / 049

Doing Good in Your Daily Life

你必须知道，在每天的生活中，并不是只有在给予别人提供物质上的帮助时才是行善。事实上，你有很多方式来善待自己和身边的人：一个微笑、一句善意的话、一个友善的告诫、一次有力的支持和认真的倾听——所有这些都不会花费你一分钱，但是它们对于接受者的意义却超乎你的想象。

每个人都是一块不可或缺的拼图

克伦和她的“梦想蛋糕”

05 把善意传递到你生活的社区、国家 / 061

Doing Good for Your Community and Country

每个人都可以为这个世界做点儿什么，有的人能够做得多一些，有的人少一些，只要大家尽己所能。那个被称作“家园”的地方，不管其大小和模样，你都有责任建设好它。

海星的故事：为善的种子

跨越种族与国界的藩篱

06 正能量的影响力 / 071
Reflections of Doing Good

每天我们都会遇到乐于助人的善良之人，在我们需要帮助的时候，他们就会挺身而出。但是，媒体为了吸引公众眼球，似乎更倾向于用负面的标题和骇人听闻的故事来报道世界上发生的事情，这些负面消息给人们的心理带来很大的冲击。我认为，只有积极公正的媒体视角才能扭转这个事实，"莎莉·阿里森传媒意识中心"正是在这种契机下成立的，旨在帮助媒体人用一种更积极的方式，至少是从更公正的角度来进行新闻报道。

寻找积极、公正的媒体
选择积极正面的媒体视角
罗恩和他的移动科学实验室

07 为人类行善 / 087
Doing Good for Humanity

在这个地球上，每一个生命都是相互关联的，是一个整体。去感受你与其他人的连接。当我们激活了自己的善意，善意会像种子一样，从我们开始，传播开去。

用 Goodnet 连接起全世界

害羞的埃莉诺和盲人俱乐部
暴力、愤怒、对抗与癌症

08 为了我们共同的星球 / 103
Doing Good for the Planet

十几年的时间里，公司承担的马路、高速路、桥梁和周边环境设施等建设工程已成为基建领域的标杆项目，它们彻底实践了可持续发展的理念。这些项目不仅保护了环境，使其免受破坏，更重要的是，它们以富于创意、标新立异的方式为地球和人类带来了福泽。

米亚公司与耆那教
治愈创伤的触摸
与自然、环境和地球走向更深的连接

09 时时向善，与最好的自己相遇 / 117
How Doing Good Transforms Your Life

善行能够帮你建立自尊和自信，让你成为一名领导者和激励他人之人，激发你最卓越的内在，让你的生活更加幸福、快乐。

建立自尊与自信
激发潜在的领导力

和最卓越的内在连接
提升幸福感和快乐感

10 小善行，让爱传递 / 133
International Good Deeds Day

我坚定地认为，大家都能以一己之力或多或少地帮助到其他人。每一个人都可以通过做好事来为我们生活的社区作出贡献。

从最简单的地方开始
开辟网络阵地
行善日在世界各地广为传播
行善活动，改变了他们的生活
那些善意的声音，让我找到了归属

结　　语　行善，照亮内心的一盏灯 / 149
致　　谢 / 151
译者后记 / 153

Activate Your Goodness

Calling All to Do Good

01

善行，与任何杂念无关

善行是我最好的生意

善行，让美好的事情发生

善行，令人生轻而易举地富足

Transforming the World through Doing Good

正是我所经历的顺境和逆境造就了今天的我。我比此前任何时候都更坚定地决心承担起自己作为个体应尽的责任，尽我所能，让我们这个世界变得更加美好。

01

善行，与任何杂念无关

不妨想象一下：某天早上当你醒来时，你的心里充满了一种确定性——实际上，这种确定性一直跟随着你，一场翻天覆地的变革就要发生了。你需要并期待着这场变革，而且它注定要到来，并且会传播到世界的各个角落。

我一直都在渴望着这场变革：它与我们每个人息息相关，不管你在世界的哪个角落。我们拥有一个共同的未来，是这个共同体中的一分子；我们得作出选择，承担起在此时此地的责任，了解我们该如何引导自己和他人，并完全明白我们的选择会对环境、地球和全人类产生怎样的影响。

令我感到困惑的一个人生问题是：我是谁？我通过

自己的努力和他人的帮助探寻着这个问题的答案。既然我们每个人都会有自己的人生责任，我开始这样自问：我可以向这个世界奉献些什么？是我的专业技能、人生经验，还是通过我所拥有的资源？

我从青少年时代就开始工作了，在20岁刚出头的时候，我就进入了在迈阿密的家族企业，那时，企业刚刚起步。如今，我们住在以色列，我最小的儿子就要完成他的高中学业了，我的跨国企业和慈善事业的总部在这里。作为这场变革的参与者，一直以来我都觉得，得从自己这里开始寻找答案，因为这是一个持续的过程，我也在其中不断成长。

除了技能之外，人生经历也助了我一臂之力。正如之前提到的，我经历了人生的跌宕起伏，但是这些波折没有击败我。我在第一本书《新生》(*Birth: When the Spiritual and the Material Come Together*)中详细描述了自己经历过的人生挑战，所以此处就不再赘述。当我回顾过去，我发现：**正是我所经历的顺境和逆境造就了今天的我。我比**

此前任何时候都更坚定地决心承担起自己作为个体应尽的责任，尽我所能，让我们这个世界变得更加美好。我决定在本书中谈谈“做好事”的力量。在这本书里，我会分享我作为个人推广“做好事”这一理念的经历，以及该理念在我的企业和组织机构里的实践效果。我想要鼓励有相同理念的人，让他们知道，每个人都有能力改变现实。

这是一个极其简单、放之四海而皆准的观念——它使我的人生充满热情。几年前，当一束光芒出现在黑暗中，行善的理念随之出现在我的脑海中。“行善”一词承载了我始终坚信的一些东西，当我把这个理念介绍给身边的人时，他们也受到了激励。我明白，我真得做点什么了。

这个观念是建立在行善、思善，以及自觉地在日常生活中选择积极的语言、感知和行为的基础之上的。我们每个人都可以让这个世界充满善意。我相信，让这个观念照亮我们自己和整个世界的时机已经到来了。

善行是我最好的生意

Activate Your Goodness

我们不仅仅是拿钱给慈善机构，我们其实是在为我们共同的未来进行社会性投资。

早在行善这个观念清晰地出现之前，我就已经在尽可能地改变我自己、我所处的环境以及阿里森集团内部的企业和慈善机构了。当然，从创立之初，阿里森基金会就像企业那样专业化运作了。我们倾听以色列各个社区的需求，同时也明白：**我们不仅仅是拿钱给慈善机构，我们其实是在为我们共同的未来进行社会性投资。**

几年时间里，我们在旗下所有的企业和慈善机构中都贯彻了长期规划，渗透了相应的价值观。现在，我可以信心满满地说，我们的例子说明：行善可以为企业带来效益。这种经营企业的全新方式正被越来越多的企业看到并采纳。

但本书并不是关于企业和机构的。这本书的写作初衷是，我相信一切的美好是从我们作为个体的人这里开始的。我邀请读者与我一起经历这趟旅行——它是对我们个人的挑战。这趟旅行有一个非常简单的前提：**你所需要做的事情就是思善、言善和行善。**这是我追求的目标，值得庆幸的是，通过我遍布全球的员工的努力，使得这样的变化首先发生在思想观念上，并向世人证明这个目标是可以实现的。

在这趟旅途上，你不会是一名独行者！阿里森集团的全球劳动大军已经参与其中，超过 24 000 名员工心怀行善的理念做着他们的工作。通过集体的努力，在 2012 年，我们使得在以色列的 25 万人以及成千上万在世界各地的人，在每年一度的行善日把他们的善念变成了善行。

事情真的就如此简单？只是思善、言善、行善吗？是又不完全是。如果事情真像说起来的这么容易，为什么国家（地区）之间会有战争？为什么世界上还有这么多的痛苦？为什么我们的周围会有这么多粗鲁、贪婪之人？为什么今早你被车流挡住了去路？

我从两种不同的视角来看待这些问题：一种视角会

让人陷入越来越深的挣扎，另一种视角则把我们带到前所未有的富于激情、宁静的境界。前者，我们看到的是现实中愈演愈烈的矛盾冲突；伴随着这场矛盾冲突的是逐步升级的经济危机、持续的战争和饥荒、更高的失业率、越来越严重的全球气候变暖……

但同时，环顾四周，我看到了爱心和激情。较之从前，人们更愿意给予了，越来越多的人付诸行动，相互协作，努力把这个世界变得更美好、更宜居。我看到，不计其数的人深深关爱着同胞、动物和环境。从整体上看，人们已经厌倦了那些负能量，开始有意识地寻求积极的改变。

善行，让美好的事情发生

Activate Your Goodness

在物质和精神两个领域，我不懈努力，并为之奋斗终身。在投身对全人类有益的事业上，我找到了自己的热情所在，并找到了通往精神乐园之路，即通过激励人们行善来让现状变得更好。

01
善行，与任何杂念无关

爱心和激情是有生命力的。稍微想象一下，如果人人都参与到这场积极的行动中，世界会怎样？如果世界上的每一个人都能自觉做到思善、言善和行善，相信我们会有所改变，在这个过程中，通过我们一致的努力，会让这个世界发生转变。

本书讲的都是“行善”——听起来简单、直奔主题。但是，你是否想过如何用真诚、积极的方式给予？如何以从容、优雅的姿态接纳？首要的问题是，你对自己够好吗？对自己好、爱自己，这是至关重要的第一步（我在这个问题上挣扎了很多年）。

我们的是非观和生活规则，绝大部分是在慢慢长大的过程中习得的。拿我来说，先是纽约，然后是迈阿密和以色列。我们是犹太家庭，但是我们的家庭生活很世俗化；即便如此，在我还很小的时候，我对自己是犹太人有着特别强烈的感觉，并与以色列有一种深厚的情感连接。

现在，有人对我说，我比有宗教信仰的人“更有宗教信仰”，但是我更愿意将其视作我对精神世界的重视。我是一个有精神追求的人——或者说我们都是，渴望找到真正的快乐和这条通往精神乐园之路。在物质和精神两个领域，我不懈努力并为之奋斗终身。在投身对全人类有益的事业上，我找到了自己的热情所在，并找到了通往精神乐园之路，即通过激励人们行善来让现状变得更好。

改变的时刻已然来临，我们得建立新的社会基础，来替代懈怠、贪婪、恐惧，这些扎根于人类行为和人类社会中的陈旧情绪模式。我提议，我们齐心协力通过行善的方式来打破这些旧观念；我呼吁，人人都来了解新体系，并为此作出自己的努力。要让这个新体系真正奏效，我们需要更多人加入到队伍中来。

行善的动人之处是，它无关于你住在哪里、在哪里上学、你的工作是什么，甚至无关于你的年龄、你所属的文化群体。**任何一个人都可以通过自己的善行来让美好的事情发生，首先是自己，然后是将这份美好传播到更广阔的世界。**

01
善行，与任何杂念无关

就我所知，许多人在过去几年里已经在热切地期盼着变革，他们已开始在自己的生活中进行深层的思考，挖掘人生的意义。我也是其中的一员。在寻常生活中遇到的多得数不清的男女老少、我的作者、我敬重的长者——他们来自世界各地，是这场变革大潮的亲历者，他们与旧时代告别，踏上了一条新旧转变，自我解放的道路。

善行，令人生轻而易举地富足

Activate Your Goodness

在这个世界上，要做到真诚地面对生活、学习给予和索求的平衡，并非易事。做好事有时候会被误解，好心也并不总能办成好事，愿望和现实不是一一对应的关系。但我相信，行善的力量能让我们自己的人生变得更充实、更富足，就好像我们掷向水面的一颗小石子，水面因之荡漾开来、涟漪朵朵——这些涟漪就是世界对我们的回馈。

如果更多的人能在为善的美好愿望的驱动下加入到这场变革的潮流中，这场变革就能真正地在现实中发挥作用。只有当相当多的人思善、言善和行善时，我们才可以确定这场变革能够从本质上对人类产生影响，并且这种影响会经久不衰。

我正亲眼目睹着一些变化：越来越多的人找到真我、表达真我，由此，我们创造了一种新气象，在此中，**新的价值观受到重视——基于协作、爱、友谊和同理心。**最重要的是，我们扩张了我们接纳的疆域，这是一种能让我们接纳自己、接纳他人的能力，尽管我们之间存在着很大区别。

我们每个人都可以通过自己独特的天赋来促成这场变革，你可以影响你所从事的任何领域。我是一名商人，有自己明确的道德方向，我的许多活动都是围绕生意和慈善活动，但我还是在自己的日常生活和平凡的人际关系中竭尽所能去行善。**事情并不总是遂人所愿，因为没有人是无所不能的——但是，每天我都在努力！**

在阿里森集团，我们发现，籍由深谋远虑的商业上的引领，我们创造了一个更好的世界。这是因为商业和慈善事业是一种自发的组织（不像国家），它们没有边界，故而我们可以把我们的影响力扩散到全世界。

尽管我很注重精神，但同时我也是一个相当务实的人。就像我之前提到的，阿里森集团旗下的事业包括了慈善机构和企业。企业活动涵盖的领域既有公共服务，也有私人服务；涉及的行业有金融、房地产、基建、制盐业、水电和能源业。在企业经营中，我们首先会从经济角度去衡量我们所做的一切。但我们发现，有时候有的事情虽能带来经济效益，但它对我们或者我们生活的地球会有不利的影响，这样的情况一旦发生，我们就会停止做这些事情——因为阿里森集团更注重长远效益。

今天我们已经很清晰地认识到，金钱并不是推动阿里森集团前进的唯一因素。换句话说，**当我们主动选择了那些维护世界发展的项目时，实际上是维护了我们自己企业的发展。只有当世界受益了，我们才会受益。毫无疑问，行善是一桩好生意。**

在这个世界上，要做到真诚地面对生活、学习给予和索求的平衡，并非易事。做好事有时会被误解，好心也并不总能办成好事，愿望和现实不是一一对应的关系。但我相信，行善的力量能让我们自己的人生变得更充实、更富足，这股力量从我们这里开始出发，就像我们掷向水面的一颗小石子，水面因之荡漾开来、涟漪朵朵 —— 这些涟漪就是世界对我们的回馈。来自人们个体的、共同的善举会从根本上影响我们的生活、地球和全人类。

我发现，这将是一个巨大的挑战，那么，就让我们从善待这个世界上最重要的一个人开始吧，那就是：你自己！

Activate Your Goodness

Doing Good for Yourself

02

一切从善待自己开始

接纳自己，摆脱负能量

心向美好，发现真实的自己

抽出时间，做自己喜欢的事

Transforming the World through Doing Good

当你可以做到真正地接纳和关爱自己时，就能在生活中作出更好的选择，并能与环境中的负能量划清界限来保护自己。继而，你会善于换位思考、理解周围的人，你的爱会由此蔓延开来，从而让这个世界变得更加美好。

02
一切从善待自己开始

当你乘坐飞机的时候，机上的空乘人员会给你安全指导。他们一定会告诉你，在遇到紧急情况时，你得首先把氧气面罩戴上，再去帮助你的孩子或其他需要帮助的人。这种指导听起来有些不可思议——父母总是本能地先去帮助孩子。可是你想想，如果你自身都难保了，又如何去保护其他人呢？你得先让自己安全，否则，于他人毫无帮助。

从上面这个角度来解释“自己优先”的重要性似乎更容易被大家接受，但要在日常生活中做到善待、关爱和心疼自己，就不那么容易了。人们总是因为各种各样的原因忽略自己，把别人的需求放在第一位，事事替别人着想，甚至不惜以自己的健康和快乐作为代价。

也许你就是这么一个大好人。可能从小你的父母就教导你要为别人着想，因为只顾自己是一种自私的行为。很多宗教把奉献自己、服务他人作为教条。但是，我始终认为，如果你无法关心你自己，你又拿什么去关心别人呢？

善待自己意味着任何时候你都要接纳自己、爱护自己。为此，你先得了解你自己。或许你说：“我当然了解自己！”那我想问，你知道自己最需要什么，什么能让你觉得舒服、自然、美好吗？你是否用心聆听过你自己，感受过你的身体和灵魂？你是否像侍奉神灵那样呵护你的身体，给予它最好的供给和充足的休息？你是否感受到了真正的快乐与健康，得到了内心的宁静？

绝大多数人都做不到纯粹的平衡，我们陷入忙忙碌碌、处处诱惑的人生中无法自拔，我们都需要面对人生中持续不断的挑战。我们能否用积极、健康的方式去面对琐碎的生活？我们中的许多人疲于工作、很少休息、缺乏运动、把大好的时光浪费在电脑前；还有人用抽烟、酗酒、暴饮暴食，甚至吸食毒品来打发时间。当我们被这些不良的习惯和爱好左右时，生活轻而易举就失去了它的平衡，而我们，也无法真正开心起来。

和许多人一样，在人生的不同时期，我体会过体重带来困扰——暴饮暴食、缺乏运动，我无法让自己的生活回归正常的轨道。**战胜恶习、改变自己并非易事，我体验过这份艰难，但还是要说：你可以做到！**

没人喜欢体重超标，没人喜欢每天加班，也没人喜欢和毒品搭上边，更没人喜欢去承受不可承受的压力，成为一个不快乐的人。我们说不清自己哪里病了，引发这些症状的病因躲藏在我们身体深处。作为凡夫俗子，我们历经了时光流逝、岁月荏苒，不知不觉间，狰狞的伤痕、恐慌的感觉、失落的情绪和稍有不慎就会出来横行霸道的怒火攀附在我们身上。即便如此，我们真实的自我依然存在，它值得被爱、被接纳。人之初，性本善，我们在生命之初像一颗颗闪闪发光的钻石，后来才一点点蒙上了尘埃，被围困在那些负能量里。正是围困了我们的那些负能量让我们看不到真实的自我。

接纳自己，摆脱负能量

Activate Your Goodness

自省时，你可能会发现自己身上有一些无法喜欢的东西，比如坏习惯。千万不要把它们视作敌人，你要学会接纳，因为只有接纳它们，你才能够真正释放、摆脱它们。

我们有很多方法摆脱负能量。从我自己的经历来看，**最好的途径是从审视自己开始。**自省是一个不错的方式，虽然它并不能快速、轻易地帮你到达目的地，但它会慢慢产生效果。当你开始审视并呵护自己，当你开始了解自己真正的需求，善待自己就会随之实现。

要树立自我意识，真诚地面对自己。不要为自己的错误或缺点轻易地评判、指责自己和他人。不要问为什么。现在，你问自己：感觉如何？一旦你能够把自己从环境中剥离，你就有可能找到自己在人生中真正需要的东西。

跨出这一步并非易事。很多次，我对自己说“我明天开始节食”，但我从来都做不到；很多次，我听朋友们说

“我准备戒烟了”，同样他们也从未做到。不过，这没什么大不了的。你得持之以恒，披荆斩棘，清除阻碍你作出正确选择的绊脚石。侧耳倾听你内心的渴望，虔诚地祈求上帝，甚至是你认为的超能量的帮助。但是，请务必记得你是在为美好的事情祈求。

下面介绍一些自省的方式。**一种方式是静坐，关注自己的呼吸，让思绪静下来，唤醒体内的感觉。**深呼吸，关注每一次呼吸，问问自己：“我感觉到了什么？”当你意识到了自己的感觉、捕捉到了自己的情绪时，请释放它们。你可以哭喊、尖叫或者把它们写到日记里……选择你喜欢的方式。核心是意识到你的情绪并释放出来，把自己从围困着你的负能量中释放出来。但要记住，这是你必须要经历的过程，只能由你自己来完成，任何人都不能替代。

另一种方式是站到镜子前面，审视镜中的自己。注视自己的眼睛，它告诉你了什么？它是否感伤？倘若看到了感伤的眼神，请有意识地选择快乐。也许在开始时，你会觉得不自在，但是请坚持下去。继续保持全神贯注，深呼吸，凝视，仔细聆听你灵魂的悄语。耐心点儿！多加练习，你会找到答案的。

当你可以做到真正地接纳和关爱自己时，就能在生活中作出更好的选择，并能与环境中的负能量划清界限，从而保护自己。继而，你会善于换位思考、理解周围的人，你的爱会由此蔓延开来，从而让这个世界变得更加美好。

在逐步摆脱了那些负能量后，就好像覆盖在钻石上、遮挡了钻石光芒的厚重尘埃一点点褪去，你真实的自我开始显现光彩。但是，这不像是打扫家里客厅的卫生，打扫一次，客厅就干净了——钻石上的尘埃是积年累月而成，它形成的时间有多长，你就得用多长的时间去清理它。就在你拍拍手说“好了”之时，你会发现又有一层尘埃出现了。我就遇到过这样的情况。因此现在，我已把自省和清除身上的负能量作为每天日常的功课。

自省时，你可能会发现自己身上有一些让你无法喜欢的东西，比如坏习惯。千万不要把它们视作敌人。因为，一旦你以它们为敌，势必引发它们对你的反作用力。所以，不管你是否喜欢，要学会接纳它们，只有接纳它们，你才能真正释放、摆脱它们。

心向美好，发现真实的自己

如果以上所述的方式对你来说有难度，不要担心，还有其他很多种方式来帮助你发现真实的自己。不要畏惧向外界寻求帮助。我用了很多年时间寻找适合我的方式来帮助清理堆积在我身上和心灵里的负能量。为你自己的发展投入时间并不是一种任性、自私或以自我为中心的行为；相反，如果你想要对别人好，必须先善待自己，让自己富有生机、朝气蓬勃。

尝试了这些方式之后，你对自己有了更清晰的了解。那么，接下来会发生什么呢？你有能力摆脱那些你不再需要的负能量。比如，当你生气时，愤怒就会变成一股负能量存在于你的身上和周围环境里。很多人认为，人总是会有情绪的，情绪是人的必要组成部分，但我不这么认为。愤怒以及其他情绪，就是一股能量。就算我们不想生气，但是在有些时候，我们还是很难说清到底是愤怒影响了我们，还是我们造就了愤怒。

经历过这个清理负能量和发现自我的过程后，最终，你会对自己有越来越清晰的了解，你会摒弃愤怒和过去带给你的那些伤痛，因为你不再需要它们了。你并不需要为包裹你的那些东西感到痛苦，它们无法给你带来你期待的美好。你天性善良、心向美好——我们都是如此。当拨开这些迷雾，甩掉那些曾经伤害你、让你痛楚的情绪，你就能够作出符合自己心意、让自己快乐的选择了。

现实中，一旦负面想法蠢蠢欲动，你就得警醒自问："这个想法积极、健康吗？""怎样做才会让我感到快乐？"举例来说，可能前一个晚上你熬夜了，早上醒来，你觉得疲惫不堪，为此你感到十分恼怒。与其暗自懊恼，不如换一种想法，对自己说："我得把今天变得美好、充实！"

如果你发现自己还无法摆脱那些负面想法，不要勉强自己，一点点地尽量多往积极的方面思考。这就好像塑造体型一样，刚开始训练时，你会觉得连呼吸都是艰难的，那些动作更是让你精疲力尽；但是只要坚持，慢慢地你会发现这些训练不像开始时那么难了。同样，你得付出巨大的努力，训练自己聚焦到积极的想法上，慢慢地，一切都会变得自然、容易。

同时，你还得特别关注你说的话。自己说的话让你感到舒服吗？你得有意识地训练自己用充满爱的方式来说话。只要不断练习，这也是一件容易办到的事情。

除了要思善和言善，你还得付出行动。清除了身上阻挡你的负能量后，你会感觉越来越好，继而，你会自然地想到那些你可以做的、能让你的身心保持健康的事情。那么，现在就到了付诸行动的时刻了！

抽出时间，做自己喜欢的事

Activate Your Goodness

不管是翩翩起舞，还是哈哈大笑，或是艺术创造——它们都能让你的心灵得到安慰、让你感到放松，你会觉得生活是有意义的，你的世界阳光普照。

发现你的快乐所在，找到能够激发你活力、让你浑身上下充满能量的事情。一旦你发现并找到了这些事情，去投入其中，焕发生命的光彩。也许你热爱写作，喜欢艺术创造，或者热衷于烹饪。可是，在日常生活中有太多琐碎事牵绊，你觉得自己根本就没时间去做自己喜欢的事情。

设法抽出时间去做你喜欢的事情。不管是翩翩起舞，还是哈哈大笑，或是艺术创造——它们都能让你的心灵得到安慰、让你感到放松。享受每天晨跑的快乐；享受和朋友一起看电影的乐趣；享受照料花花草草、看它们生长的闲适；享受在清晨醒来时，看到爱犬在你身边，你轻拍它时的温馨……做这些微小而具体的事情，你会觉得生活是有意义的，你的世界阳光普照。

还是以我自己为例。在很长一段时间里，参加我不喜欢的活动或者身处某些人群，我都会提不起精神。我就是无法对此产生兴趣，会因此感到疲惫不堪。当意识到这一点后，我开始与真实的自我对话，区分令我振奋和使我疲倦的事情。现在,我更喜欢去那些能让我感到随意的地方,与那些精神契合的人相处。

我也会有意识地在业余时间去做感兴趣的事情，如去海边走走、看一场电影、读一本书、冥想，或是通过雕刻、绘画和舞蹈来发挥自己的创造力。当选择了能够激发你生命活力的事情时，你会发现，自己浑身上下充满了积极的能量。

通过自省，我还发现，我需要时间养精蓄锐。我会听听音乐、散散步或者只是安静地坐一会儿，享受与自己相处的时光。当我有意识地开始在生活中开辟这些安静的时刻时，我发现很多事情都慢慢随之改变了。我的日程表依旧是满的，但是因为我关注了自己内心的需要，补充了积极的能量，我便有了充沛的精力来应对每日的忙碌。

了解自己，知道怎样做才能让自己感觉更好，这一点很重要。在每天的生活中增加一些营养和调料，给你自己补充能量会像吃饭那样简单。记住，当你思善、言善和行善时，你其实是改变了你自己；继而，你会改变这个世界。

那么下一步，我们就要把这些原则应用到外面的世界，把我们的善意传递给身边的人，让它进入我们的生活。

Activate Your Goodness

Doing Good for Those Closest to You

03

善待身边的人

别把负面情绪带回家

在爱的名义下，把自己放行

助人康复的泰迪熊

爱，从来不会太迟

Transforming the World through Doing Good

善意的力量无穷，它能带给我们在乎的人慰藉和快乐，它极具感染力。然而，负能量也具有同样的影响力。如果我们选择把负面情绪带回家，会发生什么?

03
善待身边的人

不管你是否注意到，我们身上的能量对周围的影响就像是我们投了一颗石子到大海里泛起的涟漪朵朵。我们每个人都会“发出”震动波，它们对我们自己和周围的环境产生影响,引发我们和环境间的共鸣。这些震动波从我们这里出发,首先影响到的是我们的家庭。善意的力量无穷，它能带给我们在乎的人慰藉和快乐，它极具感染力。然而，负能量也具有同样的影响力。如果我们选择把负面情绪带回家，会发生什么？——家人的情绪都会很快被这股负能量困扰。

要不要带负面情绪回家？

假设一位男士下班回家，他正因为白天发生的一些事情恼火无比。下车后，他重重地摔上车门，跺着脚走路，又气呼呼地打开家门。进屋后，即便与妻子擦肩而过，却连个招呼都没有打。妻子也许一直在等着他下班，盼他早点回家，但是现在看到他这个样子，她也开始变得着急、担忧。她忍不住猜测：他被炒鱿鱼了吗？自己做错了什么事，让他生气了？她靠着桌子坐下来，心里充满悲伤和恐慌。这是寻常家庭生活的一幕，可能发生在任何一个家庭里。

如果一切重新开始，又会发生什么？这一次，还是这位男士，他下班回家，为白天发生的事情感到恼火。下车后，他重重地摔上车门。他气呼呼地跺着脚走到家门前，但就在准备进家门的前一刻，他回过了神。他意识到自己的怒火几乎要沸腾了，这股怒火似乎要跟着他一起走进家里。

他迟疑了一下，停下脚步，有意识地努力让自己镇定下来。他做了几次深呼吸——恼怒的情绪就这样随着一呼一吸，被释放了出来。他明白，自己的怒火与家人没有关系，而且，惹他生气的事情是在别处发生的，而现在，他是在家里。

深呼吸使他紧绷的神经放松了下来，现在他能够平静地走进家门了。一进家门，他脱去外套，面带微笑地向妻子打了个招呼。他走到妻子坐着的地方，俯身拥抱了一下她。他的妻子也回报给他以微笑。妻子指给他看刚刚在网上看到的有趣的东西，他看了看，还和她一起哈哈大笑。他们的夜晚以如此美好的方式启幕了。

心态不同，“剧情”完全不同！当这个人意识到了自己的恼怒情绪后，他用了一分钟不到的时间使自己平静下来。转变就在这个瞬间发生了，这是一个充满力量的转变！仅仅是通过做几个深呼吸，他决定思善；继而他选择言善——他微笑着向妻子打了招呼；紧接着，他又决定行善，他特地走过去拥抱了妻子，听她讲述她这一天的见闻。

恼怒的情绪可能依然存在，但是他没有让这股负面情绪进入家里，困扰他所爱的人。对于他自己来说，和家人共度美好的时光，一起用餐和休息，是多么温馨、和睦，也因此，他的心情好了许多。这就是行善的力量，我们从这个例子中发现，在日常生活中做到“行善”并不难。

也许稍后，这个人会和妻子坐下来，聊聊他们各自白天的经历,然后告诉妻子那些让他恼火的事情。这个时候，也许他们都已能冷静地去看待所发生的事情和引发的负面情绪，或许会找到妥当的处理方式。很多时候，当我们冷静下来后会发现，即使是之前让我们恼火无比的事情，其实也是有办法解决的。

别把负面情绪带回家

Activate Your Goodness

能够决定如何处理负面情绪的人只有你：你可以选择陷入其中，越陷越深，不可自拔；也可以选择审视它们，用一种积极的方式来释放它们。

不管你遭遇了怎样的负面情绪，是生气、恼怒、泄气还是悲伤，你都要注意提醒自己、接纳自己。你的情绪刚上来时，可能会很强烈，但它们只是某种能量。能够决定如何处理它们的人只有你：你可以选择陷入其中，越陷越深，不可自拔；也可以选择审视它们，用一种积极的方式来释放它们。

但如果是家里某个朝夕相处的人把你逼到了疯狂的地步呢？你无法把他赶出家门或者自己离家出走，因为这个人对于你来说太重要了。你改变不了别人，你能改变的只有自己；而别人想不想改变，是他们自己的事情。人们总以为自己可以改变对方，这往往成为引发家庭矛盾、让家庭不和睦的起因。从古至今，一直如此。

当一场争吵即将在你和你爱的人之间爆发的时候，抢先一步，让你自己冷静下来。听起来很简单，是吗？如果真的这么简单，为什么大家都不这么做呢？我发现，每当有人惹恼了我，实际上是我引爆了自己体内的某样东西。别人使我感到气愤，但气愤是存在于我身体里的一种能量。所以，我问自己：“我身体里的什么东西引爆了我？我该如何消退它，让自己平静下来？”当我能面对存在于我体内的愤怒并理解它时，我就可以将它释放，然后深呼吸，冷静下来。

我们得明白，我们都是被尘埃遮掩了光芒的钻石，我们也知道了如何清理上面的尘埃，接受和关爱自己——现在，我们可以用有意识的同理心去接纳别人。我们还得向他们致谢，因为他们，我们知道了应该如何梳理自己的内心。

和我们一样，我们所爱的人也应该被理解。他们在成长过程中经历过伤害、挫败和失望；当内心中某个痛楚、恐惧的地方被触碰时，他们会抗拒。要允许他们困惑迷茫，你能做的是张开你的臂膀迎接他们——理解他们，努力地爱他们。

很多家庭的矛盾源于有人想要改变另外一个人。每个人总是认为自己是对的，而其他人应该都来认同自己。但是，你得接受这样一个现实：你爱的人与你不同；毕竟，在这个世界上的每一个人都是独一无二的。但即便他们与你不同，他们想要的东西也和你想要的不同，他们依然是你的家人。

“我们改变不了任何人”，当我们接受这个事实，不再执著于改变他人，也不再想要说服别人来接受我们的观点时，我们就正式地把自己“放行”了。我们可以继续提供支持、鼓励和理解，我们可以做任何可以帮得到他们的事。但是最终，我们提供的帮助得是对方需要并接受的，否则只是徒劳无益。

既然情况如此，那就一如既往地爱他们吧。**全心全意地爱你自己，满怀热情地爱他们。看到他们好的一面，发现他们好的本质——这些优点可能就像钻石一样被尘埃蒙蔽。多想、多讲他们的好，并信任他们。**付出积极的行动，不要把你的想法强加给他们。这就是你能够做的事情，它们充满力量，比大喊大叫要有力量得多。

然而，虽然行善的力量是巨大的，但也并不总是如此。很多年里，在不同的时期，我曾以积极的姿态，想尽办法尽我所能，用积极的心态去看待我生命中特别而重要的人。但是有时候，不管你做什么，另一个人就是选择躲在自己的世界里，让负能量或是愤怒包裹他们，无法从过去的情绪中走出来。

在爱的名义下，把自己放行

Activate Your Goodness

有的人就是这样，你有再多积极的想法、充满爱的考虑、付出再多行动都无法改变。如果真是如此，你们可能无法继续相处或保持联系。虽然会很痛苦，但你还是得审视自己的情绪，感受它们，然后用一种积极的方式把它们放行。

实际上，你会发现自己有时候不得不接受现实。有的人就是这样，你有再多积极的想法、充满爱的考虑、付出再多行动都无法改变，这个人可能永远不会改变。如果真是如此，你们可能无法继续相处或保持联系。我发现身处这种情形中时，我无法快乐起来，我的健康也会受到影响。

每当你把自己放行，与深爱的人分离——不管是伴侣、父母、孩子、兄弟姐妹还是一个亲近的朋友，你都会陷入愤怒、受伤、背叛、自责、内疚、失望等痛苦的情绪中。虽然会很痛苦，但你还是得审视自己的情绪，感受它们，然后用一种积极的方式把它们放行。**你要保持一颗充满爱的、开放的心。**如果想善待自己和你身边的人，那么就在爱的名义下，把自己放行。你永远都不知道明天会遇到什么。

选择什么样的方式把自己放行以及如何处理这件事情，完全取决于你自己。你只需记住，善待自己并不自私；你有必要善待自己，你有责任改善自己和身边人的现状。不是所有人与人之间的关系都是可以维系的。我发现当我选择好的那一面，并和身边的人产生共鸣时，积极的改变会随之而来。

我们已经看到了行善和向身边人分享积极情绪所带来的力量：充满爱的姿态、温暖的拥抱和开心的笑容——就连小孩子都看得懂。最近我在电视上看到了一个节目，这个节目用极其有趣的方式说明了这个道理。

Activate Your Goodness

在节目中，几个幼小的孩子被安排到一个房间里，他们的四周都是柔软的布娃娃。孩子们开始看电视上的一个节目——节目里，出现了许多不同年龄、不同体型的人，这些人相互友好地拥抱，彼此致以关心和问候。旋即，房间里的这些孩子开始拥抱他们身边的布娃娃。他们很快便知道自己该做什么：模仿电视里所看到的情景。

节目中，同样的实验被复制。这次，孩子们看到的是不同年龄的人扭打在一起，相互攻击。旋即，孩子们开始模仿电视上的情景，用和电视里的人一样的动作，攻击布娃娃，和它们扭打在一起。

这个实验被用两种戏剧化的方式呈现出来，这是一件很有意思的事情。它提醒我们不管什么时候都得友善待人；在你浑然不觉时，说不定就有人在背后看着你，说不定他们还会模仿你的言行。你得尽可能多地练习善待自己和所爱之人，练习越多，这种善行般的习惯就越有可能融入你的生活，给你带来更多意想不到的收益。

由一个拥抱和一个微笑所带来的力量已被多次证明了。当我在电视中看到孩子们拥抱布娃娃的时候，我的内心和灵魂充满了暖意。这一幕勾起我的回忆，让我想起在以色列的行善日中所听到的众多动人故事中的一个。

助人康复的泰迪熊

Activate Your Goodness

美好的愿望和积极的能量是能够传递给别人的。当你为自己的美好愿望付出努力的时候，你也会发现自己的无限潜能。

助人康复的泰迪熊

故事来自于百隆医生（Dr. Blum）的诊室。百隆医生是以色列一家顶尖医院的神经科主任。他的诊室与其说是一间诊室，不如说是一个儿童房：几十个色彩鲜艳的泰迪熊散落在各处的桌子上、椅子上和搁板上——连他的问诊桌上也有泰迪熊。

“在这个科室，大家都叫我泰迪熊医生。”他会乐呵呵地告诉你。百隆医生总是在笑，要么大笑，要么是微笑。“笑会让你健康，”他说，“一般说来，情绪、情感的状态和精神的充实程度对病人的康复具有巨大的影响。这是当我决定在传统医学之外再修辅助医学时发现的。”

他说，在诊室放泰迪熊的主意其实来自他16岁的女儿玛雅。“她对医院的事情很感兴趣，而且在考虑以后读医学，所以，我们总是会聊我的工作。有一天，她问我病人在治疗期间出现的最大困难是什么，毫不犹豫地，我的回答是恢复。”

“有很多这样的例子，治疗非常成功，超乎预期，但是病人恢复得很慢，而且很艰难，”百隆医生继续解释道，“玛雅开始和我一起想如何帮助病人痊愈，她说：‘我们得找到能够给予他们足够能量，让他们痊愈的方法。’她提议我们将泰迪熊作为一种能量，然后把这些泰迪熊送给病人。”

这就是“助人康复的泰迪熊”计划的由来。“玛雅收藏了大量的泰迪熊，她决定把它们都捐献给这个计划，”百隆医生回忆道，“我们坐下来，一起冥想，把好的、能助人康复的能量传递给泰迪熊。之后，我们到医院把它们送给病人。”

百隆医生说他们的这一举动引起了大家强烈的反响。收到泰迪熊的病人说他们焦虑的程度降低了，睡眠更平静、更深了，康复的速度也似乎加快了。“当有人听说了‘助人康复的泰迪熊’计划时，他们也想要提供帮助，于是开始捐赠泰迪熊。今天，我们‘助人康复的泰迪熊’以满满的能量来到医院里每位病人的身边，带给他们积极康复的能量。”这位以“泰迪熊医生”之称而感到自豪的人说。

看完这个故事，你会发现，这是一个相当简单的实验，但它非常有用！一个家庭，百隆医生和他的女儿，证实了美好的愿望和积极的能量是能够传递给别人的。当你为自己美好的愿望付出努力的时候，你也会开始发现自己的无限潜能。

当你所爱之人经历着他们自己的人生，朝着他们的潜力迈进时，你要支持他们。不久以后，你会发现在你生活的方方面面都有美好的事情产生，它们使你和你所爱之人感到更充实，给你的家人带来了生机和快乐。

爱，从来不会太迟

Activate Your Goodness

这么多年过去了，我们终于能够放下过去的伤害、气愤、失望和沟通的缺失，谅解彼此，我觉得这是一种祝福。

我始终震撼于行善的力量。尤其最近几年，目睹双亲承受疾病的折磨，又相继离世，我更深切地感受到了这种力量：1999 年，我的父亲，特德·阿里森因癌症、心脏病和糖尿病去世；2002 年，我的母亲，米娜·阿里森·萨皮尔因慢性肺病去世。

他们生病期间都住在以色列，和我、我的家庭关系亲近。我发现自己经历了两个阶段，先是坐在我父亲的病床边，几年后，是坐在我母亲的病床边，等待医生的报告和检查结果，处理父母被紧急送往医院的担心、害怕的情绪，手忙脚乱地接每一个电话，眼睁睁看着自己爱的人承受痛苦。

不管是他们还是我，面对这些事情时，我们都压力巨大，但我为能够陪在他们身边支持他们而心怀感恩。在我们共同的生活经历中，我未能与父母建立亲近的关系，我们之间也没有很多温情；我想这是因为他们与我不同的文化背景造成的，他们不是那种会轻易流露感情和对你表示关心的人。在我成长的道路上和我与他们共同的生活中，他们的感情都被严严实实地遮掩了起来。**尽管我们彼此间那么不同，但我依然尊重他们、爱他们，因为我知道他们也是爱我的。**

这么多年过去了，我们终于能够放下过去的伤害、气愤、失望和沟通的缺失，谅解彼此，我觉得这是一种祝福。

我庆幸在他们去世前，我有机会告诉他们我掏心窝的话。即便他们的生命已近尾声，我仍可以倾听他们，让他们了解真实的我，并最终和他们建立了真挚、深厚的感情，我始终觉得这是一种祝福。

我父亲特别叮嘱在他去世后不要颂文；但在我母亲的葬礼上，我决定朗读一篇颂文。我讲了她的优点和高贵的品质，也回顾了我们真实的生活经历和其间的起起伏伏。我讲了在多年的疏远之后，我们是如何重拾了作为一家人的感觉——建立家人之间情感的纽带，它让人感到温暖和爱。

我在葬礼上告诉大家我们的经历，来说明治愈情感上的创伤永不会晚。**去倾诉、去倾听、去理解、去接纳彼此、给予谅解，永不会晚。**在这样一个悲痛的时刻发表这个演说并非易事，但我觉得不得不把这些话说出来，我一定要在这一天和我们的朋友、家人分享我们走过的这段曲折历程。

我很高兴自己做到了！真诚地和大家分享的结果是，

那天我出乎意料地收到了出席者的很多反馈。甚至在数周和数月之后，人们还会告诉我，他们被我们的故事感动，受到激励，并勇敢去面对和解决存在于他们自己家庭中的那些积蓄已久的伤害。

就如我在一开始时说的，当你开始思善、言善和行善时，你自己就开始改变了。这样做的同时，这种善意也会传递给你身边的人。让我们把这条原则再往上提一个级别：将善意传递给你的邻居、同学、同事或任何一个你每天都会接触的人，让每一个与你见面的人都能感受到这种善意。

Activate Your Goodness

Doing Good in Your Daily Life

04

善意在路上，别让你的善行迟到

每个人都是一块不可或缺的拼图

克伦和她的“梦想蛋糕”

Transforming the World through Doing Good

你必须知道，在每天的生活中，并不是只有在给予别人提供物质上的帮助时才是行善。事实上，你有很多方式来善待自己和身边的人：一个微笑、一句善意的话、一个友善的告诫、一次有力的支持和认真的倾听——所有这些都不会花费你一分钱，但是它们对于接受者的意义却超乎你的想象。

04
善意在路上，别让你的善行迟到

经历每天的生活，我们渐渐长大，寻找我们在这个世界中属于自己的位置。在这个过程中，我们得找到一条属于自己的道路，聆听真正的召唤。我依然坚信通过行善，我们完全可以做到。

生活就像是一支管弦乐队。每种乐器都是特别的，有它自己的频率、音调、音高和音色。每种乐器都有各自独特的声音，只有这些声音遵守了一定的规律和原则，才能保持乐曲的和谐。

音乐家们在合奏过程中，尊重彼此，让每一件乐器各司其职。只有当音乐家们相互尊重,乐器演奏整齐划一了，这个乐队才能奏出悦耳动听的音乐。当然，如果乐器的演奏步调不一致，音乐家相互之间没有尊重、各行其是，结果产生的就是噪音了。

音乐家们在加入合奏前，会先轻轻地调试乐器。**我们可以向他们学习：我觉得在日常生活中，我们也应该在开口说话前，先调整一下我们的内心，这样，我们就可以确定自己的声音和情感是清晰的、正确的、坦率的——就好像我们在演奏自己的乐章。**

当我们能与自己的步调一致了，就像那些音乐家一样，我们必须想到周围的其他人，尊重他们的个性和信念，让氛围更加和谐。从另一个方面来说，如果我们无法让自己适应这种步调，就无法给予他人尊重，如果这样，无论是在单位、学校还是家里，除了混乱，别无其他了。

由此看来，在我们的生活中，是制造混乱还是创造和谐，是由自己选择的。你想听到什么样的音符？是充满愤怒和仇恨的刺耳曲调，还是充满爱和关切的柔和曲调？侧耳倾听，然后发出你的音符，它应该是清晰、优美、充满敬意的——能把你的寻常生活从噪音变成乐音，从混乱变成和谐。

04
善意在路上，别让你的善行迟到

我相信探寻和谐世界之旅从行善开始，也以行善结束。善意会从我们这里开始扩散，不仅能让我们自己和家人感受到，也能让我们的邻居、同学、同事和所有每天接触到的人都感受到。

你必须知道，在每天的生活中，并不是只有在给予别人提供物质上的帮助时才是行善。你有很多方式来善待自己和身边的人：一个微笑、一句善意的话、一个友善的告诫、一次有力的支持和认真的倾听——所有这些都不会花费你一分钱，但它们对于接受者的意义却超乎你的想象。

我相信我们天性善良，父母是我们的第一任老师，他们教我们什么是是非曲直。当我还是一个孩子的时候，我想要做正确的事情，但同时我又觉察到这个世界上存在着许多错误的事情。我无法理解为什么有的人会那么残忍；在学校的操场上，我无法理解为什么伙伴们不能友好相处——从过去到现在，我一直在想这些问题。我们并非生活在一个完美的世界中，我们的内心会不断地经历挣扎。是与非，我们可以作出自己的选择。

每个人都是一块不可或缺的拼图

Activate Your Goodness

我们各自有擅长的不同事情，但一切都是在矛盾中保持其完整性的。我们可以在自己的位置上发挥自己的才能，做好自己。

通过行善，你会找到自己的人生方向。我尝试过这种做法，对于我来说，相当有用。很多年前，我进入以色列一家公司的董事会不久，感到有些不自在。我过去从事的是我热爱的休闲娱乐产业，同时经营着自己的小买卖和家族的基金会。但当时，加入新董事会让我感觉自己就好像是一条离开了水的鱼，被满屋子的金融界人士所包围。

起先，我拿我自己和董事会上的其他人做了一个比较，他们都是训练有素的金融达人，对数字很敏感。我努力了一段时间，试图让自己融入他们的环境，但最终我明白，我和他们不一样。每当进入经济阐述的环节，他们都无比活跃，我却沉闷不已。

不过，当后来谈到构想和策略，谈及顾客和品牌以及回馈社区的话题时，我变得生龙活虎！我有太多可以做的事情了！我为找到自己的位置而欣喜不已。当我滔滔不绝地阐释我对这些事情的看法，提出我的主张时，大多数在座者却无法理解构想和价值观的重要性。

就在这个时候，我意识到自己并不需要和他们成为一样的人。我们各自有不同的擅长，但一切正是在矛盾中保持其完整性。**每个人都有不同的位置，我们可以在自己的位置上发挥各自的才能，做好自己。生活就像是一个巨大的拼图，我们都是其中的一块拼图：每一块拼图都有自己的大小、形状和颜色。**只有当你把所有拼图组合在了一起，一幅完整的图景才会出现在你面前，只有在这个时候，你才会了解这些拼图的作用。

像这些各有不同的拼图一样，每个人的人生也是不一样的。在工作中，我围着公司业务和慈善事业转；工作之余，我会花时间陪伴家人，也会给自己留下时间，让自己的生活保持一种平衡的状态。世上的职业千万种，有矿工、厨师、农民、老师、科学家、学生；有人从事零售业、卫生保健业，有人在家照顾孩子、老人——我们有广阔的选择空间。

你有许多方式来发现你的才华和生活的方向，但为什么不从行善开始呢？扩展你的视野，找到属于你自己的位置。不是每一个有音乐才华的人都得去成为音乐家，但他们还有别的选择，比如音乐老师。

克伦和她的“梦想蛋糕”

Activate Your Goodness

每个孩子都充满了幻想，他们都是独特、与众不同的。当他们的幻想被满足，得到特别的关注和尊重时，他们开心极了。他们非常喜欢梦想蛋糕，我终于找到了可以让自己满怀热情去做的事情了。

当你扬帆起航去寻找人生新大陆的时候，不妨先想想在日常生活中遭遇的困难。把这些困难当作一面镜子，走近看看你在其中的表现：“这是我希望看到的吗？”如果不是，你应该重新审视当初的做法，改正那些错误，发挥自己的潜力。

你也可以找到能够发挥你的热情和才华的地方；在生活这场音乐会中，有属于你的一席之地。怎样发挥你的热情和才华与你所受的教育并没有多大关联——它们主要取决于你自己，这是你的选择。最终，无论是在工作中还是在生活中，人们会通过你所做的事情来认识你。不妨问问自己，最能让你感到兴奋的事情是什么？什么样的事情让你有成就感？你希望自己的人生往哪个方向发展？

只要你用心，在你的生活中，你有大把的机会来找到让你的热情和才华得到发挥的事情。**一旦找到适合自己、让自己喜欢的事情，你的生活、学习和工作都会因此变得充实起来，你会去主动为之奋斗。行善会提升你人生的价值，引导你朝着自己的目标前进，进而实现自己的理想。只要你能够坚持思善、言善和行善，你平凡的生活会变得更加有声有色。**

对于我来说，在我的寻常人生中，我已经能够把行善一事融入到我的家庭生活和企业、慈善事业的实践中。我很高兴能够通过所做的事情来激励身边的人，成为他们的榜样，让大家看到如何付出行动、改变现实。

克伦和她的“梦想蛋糕”

很多人会在生活中行善，我尤其欣赏的一个人是克伦。克伦是一家大型高科技企业的员工，她的工作很忙，平时，她几乎完全把自己奉献给了工作。

但是一到周末，克伦会立马转到她的特别活动上：梦想蛋糕。“当我还是一个孩子的时候，我就很喜欢烘焙，”她说，“但是在最近几年，我发现自己做的蛋糕太多了，我的家人和朋友都吃不完。大家都建议我做烘焙生意，但我并不想卖我的蛋糕。在我看来，**这些蛋糕是用爱做成的，我不能买卖爱。”**

最终，克伦与一家基金会取得了联络，这家基金会专门照料有特殊需要的儿童。克伦许诺为每个孩子在生日时提供一个生日蛋糕——一个梦想蛋糕。

“每当我去基金会的时候，我会问每一个孩子，他们梦想中的蛋糕是什么样的。是带巧克力的，还是带草莓的，或者带香草的？他们希望自己的蛋糕是仙女的模样还是足球的模样？想要什么颜色？蛋糕有多大？然后我回来按照他们的描述，做出一模一样的蛋糕。每个孩子都充满了幻想，他们是独特的、与众不同的。当他们的幻想被满足，得到特别的关注和尊重时，他们开心极了。他们非常喜欢梦想蛋糕，我终于找到了可以让我满怀热情去做的事情了。”克伦开心地说着“梦想蛋糕”的故事

你会发现，行善比爱好或者一年从事一次的活动更富有内涵。在习以为常的生活中，只要多加用心和练习，行善会成为你的一种生活方式。我听到很多类似克伦这样的故事，这些故事发生在世界各地：你得相信自己也做得到。

善意会让你自己首先发生改变，它将爱从你身上传

递给你接触到的每一个人，你的生活会变得更和谐，你也会更快乐。接下来，我们要把思善、言善和行善继续扩展，让我们来看看如何把善意传递给周围的社区和自己的国家。

Activate Your Goodness

Doing Good for Your Community and Country

05

把善意传递到你生活的社区、国家

海星的故事：为善的种子

跨越种族与国界的藩篱

Transforming the World through Doing Good

每个人都可以为这个世界做点儿什么，有的人能够做得多一些，有的人少一些，只要大家尽己所能。那个被称作“家园”的地方，不管其大小和模样，你都有责任建设好它。

05
把善意传递到你生活的社区、国家

在我的人生中，重要的一课是关于社区和国家的，这一课来自于家庭的教导。同时拥有美国和以色列两个国籍，我常常觉得自己既不属于这里，也不属于那里。尽管如此，在成长的人生道路上，我接受的价值观是：无论在哪里生活和工作，你都得回馈你的社区，因为你是其中的一分子。每个人都可以为这个世界做点儿什么，有的人能够做得多一些，有的人少一些，只要大家尽己所能。在很小的时候，我就被父母灌输了这个观念，让我永远无法忘怀。

你所在的社区有多大——这丝毫不是问题。也许你身处一个部落，或是一个大家族，也可能是一个小村庄；也许你来自一个小镇或是一个大城市，更或是汪洋大海中远离陆地的一座岛屿。那个被称作“家园”的地方，不管其大小和模样，你都有责任建设它。

我们也在企业经营过程中传递着这个理念。阿里森投资公司（Arison Investments）承诺为人们和社会创造附加价值，公司在全球进行投资、实施项目，努力为当地带来真正的改变。

我们聚焦于慈善活动，借此让我们的社区和国家发生好的变化。几十年前，我在迈阿密为我父亲创建了基金会，倡导奉献。在搬家之后，我又创建了类似的机构，叫“特德·阿里森家族基金会”（TAFF），基金会的总部在以色列。通过 TAFF，倾听社区的需要，我们在以色列积极捐助有意义的社会项目，涉及的领域有：教育、医疗、助残事业、文化、艺术和体育运动。除此之外，TAFF 深入致力于支持青少年成长和援助弱势群体的项目。

通过 TAFF，我们还创立了几个在理念上富有探索性的机构，诸如麦田计划（Matan，旨在倡导奉献），它被“联合之路”列为典范。通过麦田计划，我们成为推动企业捐助的催化剂，鼓励企业和员工给予所在社区需要的支持和帮助。由此，此前在以色列从未出现过的互助文化诞生了。

另一个探索行动是创建“回归生活”，我在前面已有提及。它来源于我自身的一些认识：我认为，只有实现了自身内心的宁静，我们才能够带给这个世界宁静。“回归生活”唤醒人们的自觉意识，播撒为善的种子，并为人们提供广泛、全面的走向内心宁静的方法。

海星的故事：为善的种子

通过家族基金会，我们接收了一家名为 Ruach Tova 的杰出机构，它帮助在想做志愿者的个人和需要志愿者的机构之间建立联系。它鼓励生活在以色列的当地居民去做志愿者；也帮助到以色列旅游、想要参与社区服务的国外游客。

正是因为 Ruach Tova 妥善的运营和管理，参加以色列行善日活动的人数迅速增加，如今，以色列行善日已经成为国际行善日。由行善日的成功，我觉察到创建“善事网”的时机到来了，这是一个富于创新性的网络集群，之后我会详细介绍。

我看到人们在以色列做了许多好事。当身处旅途时，我知道，在这个世界上有许多好人，大家都想做好事。比如，最近一次去纽约，我看到了一些指示牌，上面写着需要志愿者来帮忙清理中央公园内的垃圾。做这类好事并不会花费你自己的钱，只需要你有做好事的意愿。

做好事的理由举不胜举，但有时候人们或许只是耸耸肩膀说：“就凭我一个人，做与不做能有多大区别？”但事实并非如此——任何人，只要愿意，就有可能创造奇迹。

海星的故事

很久以前，一天早晨，一位老人正在海边散步，忽然看到不远处有一位年轻人好像在跳舞。他走近一些才发现，这位年轻人正在不厌其烦地把被潮水冲到岸上的海星捡起来，然后轻轻地把它们扔回海里。

于是，他好奇地走上前，问这个年轻人："你好，朋友，请问你为什么要这么做？"年轻人解释说："太阳就要出来了，潮汐也将退去，如果不把海星扔回到海里，它们就会因缺氧而死掉。"老人很快就指出："但是，这是一个延绵数里的海岸，海岸上有成千上万只海星，你这样做根本无法改变什么。"年轻人微笑地听老人讲完，继续弯腰捡起一只海星，把它扔回了大海，然后说道："至少，我改变了这只海星的命运。"

你可以创造改变。我们有许多方式服务我们的社区和城市，而我鼓励你选择自己喜欢的方式。去了解社区的需要，尽你的努力去满足它。你可以利用你的业余时间做志愿者，如果条件许可，也可以直接捐钱。即便你对做志愿者不感兴趣或者没有额外的钱来捐献，还有其他你可以做的事情，比如捡起地上的果壳、纸屑扔进垃圾

箱，或是为后面的人拉一下门，或是在公交车上让座给需要的人。

跨越种族与国界的藩篱

Activate Your Goodness

大家的心紧密地连接在一起，人们之间建立了友谊。从那天起，一个新的观念深入人心，那就是，世上没有一堵墙能把团结起来行善的人们分隔开。

每当思考我们可以为社区和国家做点什么的时候，我都会着迷于每年人们创造出来的各式各样做好事的方式。在我们自己的国家和世界其他地方，人们开展了许多自发性的跨文化活动，这让我感到非常振奋。

Activate Your Goodness

爱，跨越种族与国界

有一幕至今令我无法忘怀：在一场专为一些年迈的大屠杀幸存者举办的音乐会上，当音乐响起时，老人们当时的神情深深印刻在了我的脑海里。这是一个跨越文化的完美合作：来自被占领区的合唱团和他们的乐队、指挥一起，跨越国界来到以色列，为这些幸存者演奏。观众泪流满面，情绪热烈高涨；出席音乐会的国际媒体人也无法克制住自己的情绪。每个人都被这充满爱和善意的氛围所感染。

在另一个社区，阿拉伯孩子和犹太孩子一起从事美化他们社区环境的活动。来自两所学校的学生在阻隔了两个毗邻社区的墙上作画，他们以开放的方式共同创作并完成了一幅绘画作品，并同时用希伯来语和阿拉伯语在墙上写下呼吁和平的口号。由此，大家的心紧密地连接在了一起，彼此之间建立了友谊。从那天开始，一个新的观念深入人们的心田，那就是，世界上没有一面墙能把团结起来行善的人们分隔开来。

一次在耶路撒冷，我们正在去巡视一个行善日活动的路上。一位妇人拉住我的手，她的眼神让我难以忘怀。“从来没有人关注过我们，没有人靠近过这里，”她热切地告诉我们，“这是第一次有人来关心我们。看看今天的变化！”她边说边指给我们看正在清理和修缮周围环境的一群人。“我们一起努力——邻居、士兵和来自各个青年组织的志愿者。改变了这里环境不只是他们带来的工具和涂料——更是他们迷人的向善之心。”

当然，不只是这么一天，也不只是在一个国家；我们知道，在世界的各个角落，时时刻刻都有个人和集体在做好事。在我们的社区里，每天都可以看到行善的人。可是，为什么当我们看新闻的时候，却感受不到这种美好？

事实上，很多时候恰恰相反……这正是我们接下来要说的：审视世界从不同方面带给我们的影响，看看我们如何应对，继续为这个世界创造美好。

Activate Your Goodness

Reflections of Doing Good

06

正能量的影响力

寻找积极、公正的媒体

选择积极正面的媒体视角

罗恩和他的移动科学实验室

Transforming the World through Doing Good

每天我们都会遇到乐于助人的善良之人，在我们需要帮助的时候，他们就会挺身而出。但是，媒体为了吸引公众眼球，似乎更倾向于用负面的标题和骇人听闻的故事来报道世界上发生的事情，这些负面消息给人们的心理带来很大的冲击。我认为，只有积极公正的媒体视角才能扭转这个事实，“莎莉·阿里森传媒意识中心”正是在这种契机下成立的，旨在帮助媒体人用一种更积极的方式，至少是从更公正的角度来进行新闻报道。

06

正能量的影响力

当我们打开电视或是翻开一份报纸看新闻报道时，如潮水般向我们涌过来的，没有别的，往往是负面消息——战争、混乱、暴力、灾难等诸如此类让人心碎的新闻报道。我想对我们很多的人来说，在媒体上看到的这些报道会投射在我们心中，给我们极大的冲击。我们也很容易看到人们是如何变得胆怯和失望的。

我总认为新闻应呈现给大众以真实的生活和社会，但新闻呈现了太多糟糕的阴暗面。我们的世界真的这么阴暗吗？当然不是。每天我们都会遇到乐于助人的善良之人——在我们需要帮助的时候，他们就会挺身而出；我们会与专业人士打交道，比如医生、消防员，他们时刻准备着提供帮助。

媒体从业人员面对的挑战是如何吸引人们的眼球，他们倾向于用负面的标题和骇人听闻的故事来报道世界上发生的事情。虽然我也认为通过报纸、电视等传送的内容可以更好，但是我们不能只是简单地去指责记者、节目编排人员或者制作单位，他们只是为收视率或销售量选择内容。我们是报纸的阅读者、电视的收看者和电台的收听者，作为家长，即使我们会质疑某些节目的价值，也还是会继续让孩子收看这些节目的。

如果不想继续面对这些令我们恐慌、难过的信息，我们就得停止指责和抱怨，和媒体一起来提高出现在报纸上、电台里、电视中或是网络上的信息内容的质量，这是我们大家共同的责任。

我个人在几年前做了一个自觉的选择——停止阅读报纸和收看电视，这是因为它们让我身心受损。我觉得它们会把我打压下去，消耗我内心的正能量。以前阅读或收看新闻的时候，每当看到被夸大了的混乱时，我觉得自己生活在一个令人窒息的世界里。

当然，作为商人，我每天还是会收到一份简报，它会真实地告诉我世界上正在发生的事情。我会根据这份简报了解市场情况，因为简报中的内容没有任何虚张声势，只有要闻和事实。

寻找积极、公正的媒体

Activate Your Goodness

我明白，媒体是改变现实的强大力量，因此我成立了“莎莉·阿里森传媒意识中心”，旨在帮助媒体人用一种更积极的方式，或至少是更平衡的方式来进行新闻报道。

思来想去，在想明白一些事情之后，我开始琢磨自己该如何切入媒体领域，用建设性的实践尝试来让这个世界更美好。我首先想要做的是证明给媒体人看，他们可以用更积极的、鼓舞人心的方式来采写报纸新闻，制作电视、电台和网络节目，呈现现实，创造一个更美好的世界。

我明白，媒体是改变现实的强大力量，因此我在位于荷兹利亚（Herzliya）的跨学科中心（IDC）成立了“莎莉·阿里森传媒意识中心”（Shari Arison Center for Communication Awareness），旨在帮助媒体人用一种更积极的方式，或至少是更平衡的方式来进行新闻报道。

在这个项目里，学生们会接受传媒行业涉及纸质媒体、电台、电视和网络等领域的基础训练。但我们中心里的人希望给予学生更多的培训，来帮助他们未来的职业和生活。我们希望在未来，他们能够制作出更积极地反映这个世界的节目，为此，我们传授给他们更多相关的思想和技能。

传媒意识中心同时面向行业里的在职记者和媒体人，向他们推广媒体可以创造自身未来的理念。我们会问学生和媒体从业者，他们理想中的未来的样子，他们准备为我们共同的未来做点什么。学生们决定，作为评论者和顾问参与到专业领域的工作中，并以此作为他们的学生实践项目，从而鼓励每个人参与到挑战中，创造更多有趣的、启发性的新闻报道和电视节目。

每年，学生们会根据不同的主题设计开发实践项目。

一些学生通过向包括网络在内的媒体发布视频短片，测试公众的反应。有一年的主题是可持续发展，项目名叫“生态喀嚓瞬间”（Eco Clip）。在这个项目里，学生制作了一系列的视频短片，让人们聚焦到环境发展问题上。学生和公众的积极性都很高，数千人参与到了其中，提供了很多好创意和自己剪辑的视频。

今年，传媒意识中心围绕“一体性”这个主题，推出了更多激励人心的项目，旨在用各种富于创意的方式告诉大家，人与人是相互关联的。看学生的展示是一件非常棒的事情，其中，我最喜欢的一个项目叫“Gigglers. tv”。

创建 Gigglers. tv 的学生把它放到了网上，作为网络视频节目，这个节目汇集了来自全球的与人们大笑有关的视频。开始时，学生先从网络上搜集最有意思的小视频，然后把它们编辑成 10 秒左右的充满笑声的视频。这个平台鼓励使用者下载他们自己找到的能让人发笑的视频，把特别的笑声与他们的朋友们分享。

创建 Gigglers. tv 的目的是要告诉人们，笑是一门没有国界的通用语言，它能让身心更健康。Gigglers. tv 项目小组的口号是：**传递笑声，让世界充满欢乐。**

学生们在传媒意识中心完成的另一个极棒的成果是关于厕所的。视频用了富于创意、大胆夸张的方式来告诉大家，厕所这个常见的私密空间，实际凝聚了一群人的创造和劳动：得有人把厕所搭建起来，还得有人负责安装排水和供水系统。视频向我们展示了我们习以为常的厕所建造过程中，人们所付出的努力：建防水墙，贴瓷砖，砌坐便器装厕纸，安装水管，修整下水道，安装地下排水系统和水处理装置。

大概没有人想到过在诸如使用厕所这样的事情中，我们与其他人的联系，所以我认为，学生们做的这些尝试很有意义。视频短片非常清晰地告诉我们，即便是通过日常的细小行为，人与人之间的联系也会变得更紧密。

选择积极正面的媒体视角

Activate Your Goodness

我们想要描绘的是共同希望看到的未来图景：一个对大家来说都积极的未来！

传媒意识中心的最终目的是鼓励传统传媒界发生转变，用更平衡的方式来描述我们这个世界，我们希望每个人看到的新闻都有光明的一面。在这里，我并不是指“结尾故事”——它们通常被安排在新闻播报结尾时的两分钟，是用来温暖人心的，其呈现方式是积极的；我指的是那些能够帮助我们找到解决方案的新闻和新闻事件。我们想要描绘的是大家共同希望看到的未来图景：一个对我们大家来说都积极的未来！

虽然改变需要时间，但我们已经看到，诸多媒体人与传媒发展中心建立了交流和互动。他们开始放弃原先愤世嫉俗的方式，启用了新的方式进行新闻报道，这种新方式更激励人心、使人向上，也更具积极性和集体性。

但这并非易事。我并不是说我们得满怀憧憬地看待战争，这是不可能的。战争给一个国家和一个民族带来了什么？我们再通过这个问题来思考和自问：这是我想看到的世界的样子吗——所有这一切的毁灭和暴力？如果不是，我们再挖掘到内心深处，去理解所面对的矛盾，看看这些矛盾在这个世界中的投射，之后，我们就能知道为改善现实可以做点什么了。

有时候，并不只有矛盾会带给我们困惑，我们内心的恐慌也会如此。尤其当我们听到即将发生的冲突时，比如，评论员们一遍遍地说在某个国家或地区紧张局势在升级，或者暴力指数逐年攀升。我们变得越来越忧心忡忡，被围困在媒体讲述的故事里，想象着那些可能发生的暴力事件，让自己陷入惶恐不安的情绪中。我们需要积极地讨论目前的形势，需要积极的解决方案！

通过在传媒意识中心付出的努力，最终，我们会帮助媒体人明白，选择就在他们手中。我们提议他们思考正面写作的力量，用正面写作取代负面写作，去关注那些真正重要的东西，并让他们明白，我们可以凝聚力量创造我们期待看到的景象。

罗恩和他的移动科学实验室

当你思善、言善和行善的时候，你的善意会像罗恩那样延伸开来，带来超乎你想象的鼓舞人心的改变。跨出去，哪怕是一次很小的行动，都有可能为这个世界带来改变。

在我们鼓励大家来与我们分享他们从事善事的经历后，许多振奋人心的故事进入了我的视线，其中一个是由一位名叫罗恩的商人讲述的。罗恩通过他自己的力量，改变了现实，实现了他的愿望。

罗恩和他的移动科学实验室

罗恩驾驶着一辆公交车。当他把车开进他家乡唯一一所学校的停车场时，孩子们围了上来，发出开心的尖叫声，好像这辆车满载着冰激凌。但实际上，这辆公交车没有座椅，没有巧克力或香草——它其实是一间闪闪发光、装置精细的科学实验室。

“这里是我的母校，”罗恩挥了挥手，解释道，“我上学的时候，我们没有电脑，也没有可实践操作的科学教室。因为学校没有足够的经费来建造实验室，也没有经费买电脑设备。”

在罗恩很小的时候，他就对电脑产生了兴趣。因为学校无法提供给他学习所需的工具，他只能每周去最近的那个镇三次，而且每次得换乘两辆公交才能到达。在那里，罗恩参加了由一所大学举办的拓展项目，学习计算机科学和数学。

“过去，我母亲要做两份工作，她独自把我抚养长大，即使生活窘困，教育在我们家依然是头等大事。在我生日或节日的时候，我从来不会收到自行车或新衣服——我拿到的是书。”罗恩回忆道。

罗恩成了一名优秀的学生。在三十几岁的时候，他成了一名充满活力的成功企业家。罗恩说：“我最大的快乐是，现在我有时间和金钱来回馈给我小时候生活的社区。我买下这辆公交车，把它改装成了一间移动实验室。每个月，我都从工作中抽身出来，带上几位老师来这里一次，他们也会在此奉献他们的时间和知识。”

“我们来到这里，和孩子们待上3天。孩子们的思维被科学中蕴藏的无限可能打开，我感到很快乐，”罗恩的眼里闪着光芒，继续讲道，“我告诉他们每一个人，若能坚持用心学习，有一天，我会邀请他们到我的公司里来工作。”

夜幕降临，罗恩结束了紧张忙碌的一天，整理好公交车之后，回母亲的家里住。他母亲还是住在他小时候生活的房子里。他笑着说：“她是这个项目的头号支持者，但也可能正是因为每个月的这3天她就有机会把我当作小孩子一样宠爱。”他还自豪地补充说：“我是以母亲的名义做的这个实验室，车身上写的一排字是‘Sarah Cohen Mobile Laboratory’（萨拉·科恩移动实验室）。如果没有母亲的支持，我无法成就今天的事业。”

罗恩成长在一个经济窘迫的家庭里，但他

不放弃自己的努力，抓住每一个成长的机会。他没有因为学校缺少建造科学实验室的经费而上街去抗议，也没有因为政府对现实“不作为”而尖刻地指责和抱怨。相反，罗恩问自己：“我可以为改善小镇上孩子们的学习环境做点什么？我该如何激励他们把从事科学研究作为职业选择？”他结合自己的资源，抽出专门的时间把这种激励通过令人振奋的有趣方式传递给了孩子们，而原本这些孩子可能根本没有机会亲身感受实验室。

像罗恩这样能带给人积极能量的故事在每一个地方都会发生，大家都在用自己特别的方式让这个世界变得更好。但是媒体并不总是呈现给我们这个世界的全貌。下一次，当你的祖国或者社区遇到严峻的形势时，你可以试着转变思考方式，突破思维定势，将恐慌和抗拒的心情转变为积极寻找创造性解决方案的态度。

当你思善、言善和行善的时候，你的善意会像罗恩那样延伸开来，带来超乎你想象的鼓舞人心的改变。跨出去，哪怕是一次小小的行动，都有可能为这个世界带来改变。

Activate Your Goodness

Doing Good for Humanity

07

为人类行善

用 Goodnet 连接起全世界

害羞的埃莉诺和盲人俱乐部

暴力、愤怒、对抗与癌症

Transforming the World through Doing Good

在这个地球上，每一个生命都是相互关联的，是一个整体。去感受你与其他人的连接。当我们激活了自己的善意，善意就会像种子一样，从我们开始，传播开去。

07
为人类行善

有时，我觉得我们彼此处于战争状态，但如果地球突然被其他星球侵略，我想这时我们会立即明白，作为人类，我们得团结起来共同反击。地理上的疆域界限、国家之间的力量博弈、种族之间的紧张局面，所有这一切在共同的敌人面前都会显得微不足道，我们得作为一个整体共同面对。

我当然不希望我们需要这么一个灾难才能让每个人明白“在这个地球上我们是一个整体”的事实。人们彼此之间都是关联的——每一个生命在这个地球上都是相互关联的。我希望你也能感受到这一点——去感觉你和其他人的连接。在整本书里，我已用不同的方式描述了我们彼此之间的关联，也描述了当我们激活善意时，善意会从我们这里播撒开去。但这个世界依然有黑暗的一面，我们常常不知道该如何去面对这种黑暗面。这里我想讲讲自己的看法。

我认为，这个世界上所有的能量都处于一个倾斜的点上，既可以到积极的这边，也可以到消极的那边。有人说这只是一种假设，好与坏并非绝对，它们总是处于相互的抗争中，能量不可能完全只往一个方向倾斜，可是，我依然认为可以让能量往我们希望的方向倾斜。如果我们继续让更多的人加入进来，做有利于人类的事情，心向美好，凡事从好的方面去想，那么我们的世界一定会立马发生改变。

我们得努力往好的方面去想，并付诸行动，这是一个挑战。好事情在本质上是敏感、温和、安静的；相比较起来，坏事情更多的是在表面上，能够轻易被你发现，但却往往威力巨大。

用 Goodnet 连接起全世界

Activate Your Goodness

Goodnet 是为行善活动设计的门户网站，旨在允许和鼓励用户在任何时间、任何地点、在任何一个他们感兴趣的领域，独立地付诸积极的行动。网站以更快的速度连接起全世界投身慈善事业的人们和机构。

建设美好的未来，这是有利于所有人的事情，我们需要更多的人来行善。在第一个行善日之后，我就感觉到我们是在朝正确的方向前进。每年，越来越多的人站出来行善，我看到了成功的希望。

在此基础上，利用网络的力量，我们在阿里森内部决定建设网站，网站名为：Goodnet. org（以下简称 Goodnet）。Goodnet 是为行善活动设计的门户网站——是首个、也是唯一一个这种类型的网站。Goodnet 允许和鼓励用户在任何时候、任何地点、在任何一个他们感兴趣的领域，独立地付诸积极的行动。网站将投身慈善事业的人们和机构连接起来，以更快的速度扩大从善的人群。

在策划和推动 Goodnet 的过程中，我们的团队发现了两方面的事实：一个方面是，在世界范围内，许多人都有行善的愿望；另一个方面是，有大量的机构和自发组织常年开展行善的活动，他们在寻找成员和参与者。看来，双方都有兴趣围绕行善这个话题进行分享、讨论和交流，因此我们要做的就是为这样的对话提供渠道。

Goodnet 倡导合作的价值观，而不是竞争。在“机构目录”（Good Directory）中，各种机构、社会企业网站、APP 都有充足的空间找到符合它们的各种条目：组织志愿者活动、筹集资金、提供营养品、维护人权等。网站为每个人都提供了合作的空间。

如今，在“机构目录”里有 500 多家机构。越来越多的人发出响亮的声音热切期望参加到队伍中，做更多的善事并让更多人参与善事。我们的初衷是，做善事是一件很容易办到的事情，大家一起来做善事可以创造出积极的改变。

这些机构和个人很快开始行动，把善意付诸实践。现在，该是你了！登录 www. goodnet. org，激活你的善意。容易、快捷、有力——简单的一个点击，你的声音和努力会让这个世界更美好。从来到人世的那一刻起，你就和每个人关联在一起，这便已是你带给这个世界的美好了。

通过加入 Goodnet，你会发现自己与一个充满善意的世界连接在了一起，而你成为其中一员。在这个网站上，你会看到鼓舞人心的关于“善”的故事与视频。每分每秒，从善者的规模都在不断扩大——也许你的善意会是催化剂，使倾斜的方向发生改变!

在 Goodnet 上，内容每天都在更新。这些内容是即时发布，可以即时看到的机构、产品、网站、APP 的信息，它们都在 3 个层面做着善事：我、人们、地球。所以任何时候，如果想找与你的信念、价值观一致的机构，那就看看“机构目录”。若想找一些简单可行的活动，我们会提供名为“激活你的善意”（Activate Your Goodness）的通讯周刊。

我们还有个叫“Good TV”的视频平台，它是一个搜集自网络的激励人心的视频系列板块，其中的视频是由我们的读者（包括个人和组织机构）推荐给我们的。Goodnet 还努力推广“Good Conversation”平台，在这个平台上，访问者可以参与和行善相关的话题交流：不仅可以在网站上参与，也可以进入社会媒体频道参与。

害羞的埃莉诺和盲人俱乐部

Activate Your Goodness

通过盲人俱乐部的演出，埃莉诺把自己从舒适区域“拉”出来，建立了与他人的连接。这不仅让她感到将自己的善意传递给了他人，还由此建立了她与社区成员的连接，并收获了更多的善意，也带给她更多的自尊、信心和快乐。

作为一个集体，我们可以通过协作的方式来解决人类共同面对的问题。当每个人都履行了各自的职责时，我们可以创造大家都想要的共同未来。像 Goodnet 这样的网站和本书会帮助你看到，在这个世界上，我们彼此之间有多么相似。

我们都想要快乐与和平，想要拥有健康，想要永享繁荣，为我们的孩子和自己创造一个安全的环境。在内心，我们想要的是同样的东西。不管你的背景是什么，也不管你住在哪里，它们是人类共通的渴望。

我们对充实感和归属感的需要是强有力的。我耳闻目睹了许多故事，一些人因为帮助了别人，而使自己获得充实感和归属感。埃莉诺就经历了这种感觉，她和我们分享了她行善的故事。她的故事是我们在阿里森行善日听到的许许多多了不起的故事中的一个。

埃莉诺通过与人分享她的音乐天赋，把自己从舒适区域“拉”出来，建立了和他人的连接。这样做，不仅让她感到善意从她开始传递给了他人，还由此建立了她和社区成员的连接。这对她来说是一种全新的体验。同时，她还感到善意又到了身边，带给她更多的自尊、信心和快乐。

害羞的埃莉诺和盲人俱乐部

埃莉诺的故事从她描述令人痛苦的害羞是

怎样的开始。“面对观众，我会惊慌失措，”埃莉诺真诚地说道，“即便是在自己的婚礼上，我也充满了焦虑。我都不敢走出来站到庆婚的宾客面前——要知道，他们都是我的亲朋好友。我一直向往唱歌，但你总不能戴着面具走到舞台上，对于我来说，走到舞台上去唱歌真是一件不可能办到的事情。”

然而，有一天，机会突然来临，这缘起于她碰巧去参加的一个化妆舞会。“他们有一套唱卡拉OK的设备，我站在角落，害羞得要命，但却无法遏制唱歌的渴望。突然我意识到，没有人能够认出我，因为我戴着面具！”戴着面具的埃莉诺站起来开始唱歌，她一唱完，全场就响起了雷鸣般的掌声。“但我知道这样的事情只会发生一次——毕竟，我不能像戏剧里的幽灵那样总是戴着面具走来走去。”

当她告诉朋友所发生的事情和她多么希望还能有机会给大家唱歌后，她的朋友说：“我知道你可以去哪里唱歌。”她告诉埃莉诺，有一个盲人俱乐部，随之，埃莉诺萌生了为他们唱歌的想法。埃莉诺小心谨慎地选歌，每天练习，一周以后，她和朋友一起去了那家俱乐部。

当埃莉诺想起这些往事时，她发出一声叹息，不知不觉间，从那特别的一天之后，她已走过了一段长长的路。“从那以后，我可以站到许多人的面前了，但是，那次演出将会是人生中最令我兴奋的一次演出。我能感受从观众那里回馈过来的爱，这种爱的感觉简直妙不可言，它把我从长久以来形成的害羞和恐慌里解放了出来。”

自那次演出之后，埃莉诺开始频繁出现在一些俱乐部里。如今，她通过善行让自己放松了下来，并找到了信心。她还会去当地的“老人之家”为那里的老人唱歌，她用幸福和快乐充实了自己的生活。有时，在盲人俱乐部，她嘹亮的声音萦绕在会场，歌词是那么温暖，听众热泪盈眶。“也许他们中的一些人没法用眼睛看到我，但是他们在用心‘看着’我，而这是我一直想要的。”

暴力、愤怒、对抗与癌症

Activate Your Goodness

只有当你传递的是能带来积极改变的语言和行动时，才会带来积极的价值。但实际上，很多人发出的是对抗、愤怒和暴力之声，也许他们也想让世界变得更好，但他们传递出的能量却是负面消极的。

人与人之间的连接永远都会存在，但是有时候，我们需要付诸一些有意识的行动来感觉到它，感受到它巨大的力量。**当聚集能量，通过行善，投入到改变世界的行动上时，我们自己也会从中受益。**

有时候，我觉得人类整个群体与我们人的身体很相似。人的身体有不同的器官和系统：它们中的每一个都是独立的，在支持人的生命和整体的健康上各司其职。人类群体也是这样：人人各有不同——他们讲不同的语言，拥有不同的文化，住在不同的国家，每个人、社区和国家承担起人类组成的不同方面的责任，但是最终，我们是一个人类族群，就像我们的身体是一个有机整体一样。

但当身体的一个部分攻击另一个部分时，会发生什么？——这个人会得癌症或其他不治之症。而人类内部的暴力活动也算是一种“癌症”，任何一种形式的暴力或战争都会导致整个人类生病。如果我们不设法解决这种暴力，它或许真的就会成为一种危及人类生命的疾病。

当我们能够聚焦集体的善意，而非破坏或对抗时，我们就能为人类带来愈合创伤的能量。我曾在 YouTube 上看到一部名为《这就是我》（*I AM*）的微电影，这部微电影通过充满力量的形象说明了人与人是如何相互关联的，以及一个微小的行动是如何改变整件事情；它向我们展示了在这个世界上作用着的连锁反应。

如今，很多人开始发出他们的声音，这是一件好事，但只有当你传递的是能带来积极改变的语言和行动时，才会带来积极的价值。不过我担心的是，很多人发出的是对抗、愤怒和暴力之声，也许他们也想让世界变得更好，但他们传递出的能量却是负面消极的。

因此，我鼓励你走出去，讲讲你支持什么，而不是反对什么。为创造一个理想中的世界，你想到了什么积极的改善方案?

我意识到这是一个转变，这个转变并不易做到，但值得我们付出努力。过去很多年里，在我的公司和管理团队里,我总是听到有人强调某些事情无法做到的理由。这时，我就会激励他们，让他们再想想，再换一种视角，然后再来告诉我这件事情该如何做到。最终，我们实现了转变，而富有创意的解决方案和积极的点子则成为标准；这就是当组织性的转变奏效所带来的好处。

对你来说的挑战则是，让这个理念进入你的生活，发挥它的积极作用。我们都得承担起自己的责任，为今天面对的问题找到新的点子和解决方案。一致、积极的解决方案会推动我们朝着一致的、积极的未来前进。当我们选择

07
为人类行善

善意并为此付出善行，这是给我们自己和这个世界的礼物。我们的善意会从人类开始，延伸到我们生活的地球和环境。接下来，我们要探索这两个不同的延伸方向。

Activate Your Goodness

Doing Good for the Planet

08 为了我们共同的星球

米亚公司与耆那教

治愈创伤的触摸

与自然、环境和地球走向更深的连接

Transforming the World through Doing Good

十几年的时间里，公司承担的马路、高速路、桥梁和周边环境设施等建设工程已成为基建领域的标杆项目，它们彻底实践了可持续发展的理念。这些项目不仅保护了环境，使其免受破坏，更重要的是，它们以富于创意、标新立异的方式为地球和人类带来了福泽。

08
为了我们共同的星球

十多年前，我第一次想到可持续发展，于是尝试着在 Shikun & Binui（我们开展建筑、房地产和基建业务的全球性公司）推广一种新理念。我想要创建“阳光公寓”，使人们能够居住在有大窗户和充足自然光的地方。我们在建造这些公寓楼的时候，会多加考虑环境营造，因为我想让它们的周围充满绿色，实现建筑和自然的和谐，向人们传递一种美好的感觉。

那时，我的理念走在了时代前面。公司领导层无法理解为何我没完没了地强调绿色建筑，他们坚持认为这根本行不通。但是我对自己的决定没有丝毫的动摇，渐渐地，一部分经理人开始认可这个理念，同意认真地想想如何让它发挥作用。

当阿尔·戈尔（Al Gore）的纪录片《难以忽视的真相》（*An Inconvenient Truth*）发布后，我们这些追求可持续发展的人受到了鼓舞。纪录片传递的强有力的保护环境的信息使公司里的其他人开始接受这种新理念，并认同了它的价值。突然之间，人们纷纷醒悟过来，明白是该有所行动的时候了。这是伟大的一天，管理团队和董事会同意我们在房地产和基建领域率先引入一系列持续发展的新理念。

当然，这不是那种人们可以在一夜之间就明白的理念，总是会有一些人提出批评，他们只看到还不够好的地方。接受新理念的过程需要相当长的一段时间，但重要的是，我们成功地走上了这条路，并用实践证明它是有效的。Shikun & Binui 不仅仅建造公寓楼—— 十几年的时间里，公司还修建了马路、高速路、桥梁和周边环境设施。今天，这些建设工程已成为基建领域的标杆项目，它们彻底实践了可持续发展的理念。这些项目不仅保护了环境，使其免受破坏，更重要的是，它们以富于创意、标新立异的方式为地球和人类带来了福泽。

这么多年下来，阿里森投资公司投资了金融、房地产、基建、水电和能源供给等多个方面的产业，成为给人们生活带来生机的企业实体。我们不断完善和发展公司的管理策略，使之在经济、社会、环境等方面都具有长期发展性,并被人们理解。通过这些具有明确价值导向的业务，我们充满激情地继续追寻这些长远的追求。在实现商业目标的同时，我们也在为人类创造价值，这是我们对人类共同的需求作出的回应。

米亚公司与耆那教

在生活中，往往只有当不同寻常的事情发生时，我们才有可能采取点什么行动，在我们对环境的自觉意识上，尤其如此。我自己就经历了几件富有戏剧色彩的事情，它们打开了我的视野，让我看到了我们和环境之间的关联，并意识到让大家都投入行动的必要性，无论是在家庭还是在工作中，我们都得坚持可持续发展的理念。

我认为，在这个世界上的每个人都应该呼吸新鲜空气，在访问了远东的几个国家之后，这个信念在我的心中变得越来越强烈。虽然我早就明白我们应该保护大气环境，让空气保持洁净，但是当我看到因为污染，人们得戴上口罩才能在户外活动时，我更加明白，生活在一个几乎无法自如呼吸的地方是什么滋味。

这还是几年前，那时人们对环境保护的自觉意识跟今天比起来还处在一个较低的水平。而且大部分人都处于一种理想状态，很多人都会认为我们有用不完的新鲜空气、干净的水和健康的食物。

我考虑了很久，想在空气净化这个领域做点什么，但却又发现自己无法什么都做。通过直觉和灵魂的召唤，我选择投身供水领域。我清楚地看到，人们过多地聚焦在资源日益匮乏这件事情上，其实我们不如转变视角，探索一个资源充足的未来。因此，我创建了一家名为米亚（Miya）的高效能水资源公司，开发、利用现有的水资源。米亚公司开发了一系列实用技术，为世界各国和社区提供高效能水管理系统，以确保珍贵的水资源不被浪费。

一次非洲之行带给我另一种深刻的影响，以至于我开启了严格的素食主义生活方式。在那里，我才真正做到了懂得自然、尊重自然。充满活力的色彩、日出日落、自由、动物——所有的这一切都触动了我的灵魂。

然而，有一天，发生了一件戏剧性的事情。白天我去一家位于肯尼亚的牧场，喂那里的长颈鹿；晚上，在一家餐馆，他们招待我们的一道美味佳肴竟然是长颈鹿！从那时起，我再也不碰任何一种肉类食品了。

几年后，在印度，我知道了耆那教。在一个宗教仪式上，我看到人们拿着一把扫帚，一边走一边扫他们面前的那块地：他们小心谨慎，避免伤害任何生物，甚至避免误杀一只蚂蚁！这一幕深深地触动了我的心灵，它再次有力地提醒我，我们都是平等的生物，无论大小。

这些经历让我改变了对自然的态度，在读了玛洛·摩根（Marlo Morgan）的著作《旷野的声音》（*Mutant Mes-*

sage Down Under）之后，我的感觉变得更加强烈了。这本书讲述的是一名美国妇女来到澳大利亚原住民部落生活的故事。

之后我决定，再不使用任何会给动物带来伤害的物品。我无法理解为何那么多人会使用由皮革制成的沙发、皮包和皮鞋，难道他们不知道有很多动物得为此丧命吗？我并不是说每个人都得作出牺牲，去放弃这些东西，这样并不现实；但我们都可以做一些力所能及的事情，让自己感觉好受些。

治愈创伤的触摸

Activate Your Goodness

一位幼儿园老师兴奋地告诉我，有一个患严重感官过敏症的孩子勇敢地克服了他的问题，轻轻地抚摸了被带到他面前的动物。她说这个孩子的微笑永远烙印在了她的心里。

无需费力寻找，在你眼前，你就能看到我们与自然、动物的紧密连接。一次行善日上发生的事情给我留下了深刻印象。事情发生在一所为特殊儿童举办的幼儿园里。我们聚集到那里，想给那些身体伤残、承受着巨大痛苦的孩子带去微笑。和我们一起到那里的还有一些小动物。

小兔子们被孩子们的小手轻轻地抚摸着；仓鼠被孩子们抱起来挠痒痒；海龟在孩子们眼前慢吞吞地爬着。当我应邀与这些孩子一起玩，帮助他们轻拍这些小动物时，我被深深地感动了。在行善日的巡视途中，当我马上要和巡视团、媒体一起离开，去下一个活动场地时，一位幼儿园老师兴奋地走向我。她告诉我，有一个患严重感官过敏症的孩子勇敢地克服了他的问题，轻轻抚摸了被带到他面前的动物。她说他的微笑永远烙印在了她的心里。

我开始毫无保留地接受一个放之四海而皆准的真理：人与人之间是相互关联的，我们是一个整体。不仅在我们人类族群里如此，人类还和世界上的其他各种元素关联在一起：土地、动物、大自然、空气和水。

当我们富有远见地看到我们与这个世界的联系时，我们就能理解旧时代及其倒塌的原因。我们都受这个世界上所发生事情的影响——无论事情的好坏。比如，各种自然灾害（地震、海啸、干旱、洪水，等等）频发，它们造成的破坏也非常大，这正是地球自我疗伤的信号。地球需要清理在它身上积年累月形成的负能量。对我们来说也是如此，我们得通过自省和行善来清理内心的污垢。

然而，即便人们明白在这个世界上发生的很多巨大变化都与自然有关，很多人还是对此选择视而不见，或者回避改变自己的必要性。但是现在，全球经融危机已经使一部分人感觉到旧时代的完结。建立在以萧条、恐慌、权利争夺这种旧模式基础之上的世界经济结构正在崩塌，新时代即将到来。

人与人之间是相互关联的，我想这就是为什么当人们听到发生金融危机和暴力事件时，会有深深的触动。即使你在低迷的经济形势中并未遭受直接损失，也没有在发生于其他国家的战争中受伤，你一样会有感同身受的体验。

与自然、环境和地球走向更深的连接

我认为，现在的我们之所以能有如此深切的感受是因为，通过网络，我们对彼此之间的相互关联有了更高层面的认知。旧时代的崩塌已无法遮掩，让个人或集体陷于愤怒的内部斗争也已浮出表面。世界已变得透明化，我们可以看到或感到存在于我们周围的那些脆弱得不堪一击的凌乱无序之事。

讲到这里，我们又回到了开始的地方。当我们经历自身的混乱时，我们会看到这种混乱在外部世界的投射。通过内部混乱的解决和自我清理（我们可以通过行善来做到这一点），我们将看到的是外部世界的改善。

推动环境的可持续发展不仅仅是为了环保。人们的素质在提升；地球本身是一个会呼吸的、鲜活的实体——树木、动物、我们之间的关系……所有这一切都充满了能量。在这种彼此联系里，如果自然的某个部分遭到破坏，人类也会蒙受损失——是时候让所有人对此都有更深刻的了解了。当你伤害任何一个有生命的生物时，实际上是在伤害你自己，因为我们是一个整体。

我知道，这些概念听起来有些复杂，我们可以做的事情有许许多多。这一切看起来势不可当，又或许你还不知道该从何开始。我的提议是——找件事情去做，果断地付出善行来保护我们的大自然、环境和地球。你甚至可以从清理你家院子或保护周围环境开始；你可以了解什么是可持续发展，并做点什么，不管事情大小。**再小的行动都有可能会带来改变，小善意汇聚成大行动。**

如果你是一名学校老师或大学教授，你可以让学生接受挑战，把可持续发展的理念或行动渗透到他们的学校作业或实践活动中；如果你开了一家公司，你可以激励员工在你们所运行的项目中进行可持续发展的创新，并为他们提供资源支持来确保好创意有效地应用于实际；如果你只是一名普通员工，不管你在哪里，都可以在你工作的企业里鼓励你的同事、管理团队迈开积极的一步；如果你是一名科学家或研究者，也许你处于发现新环境议题的尖端位置，你的研究成果会帮助我们更好地处理与环境的关系；如果你是一位领导者、演员，抑或是一名才华横溢的公共演说家，你可以通过你的行动和语言来激励大家；如果你是一名记者，你可以报道居民们开展的积极行动和其他好消息，为大家树立可以学习的榜样。**任何一个人，在任何一个地方都可以作出自己的贡献。**

当你用自己的方式为地球和环境做好事的时候，通过接受挑战或者简单的日常行动，你会帮助强化群体意志。我的信念是，当足够多的人付出行动的时候，我们会撬动这个平衡点。一旦群体的行动使天平往环境保护和可持续发展一边倾斜，这些行动和积极的价值会融入到我们的生活中，改变我们自己和我们身处的世界。

在我们自己身上和这个世界里，有我们见过最美好、最平和的品性，作为一个集体，我们有力量、也有责任将它们发扬光大。我已迫不及待，想必地球亦然！思善、言善、行善，让我们即刻就付诸行动！

Activate Your Goodness

How Doing Good Transforms Your Life

09

时时向善，与最好的自己相遇

建立自尊与自信

激发潜在的领导力

和最卓越的内在连接

提升幸福感和快乐感

善行能够帮你建立自尊和自信，让你成为一名领导者和激励他人之人，激发你最卓越的内在，让你的生活更加幸福、快乐。

09

时时向善，与最好的自己相遇

如果激发你行动的积极性是我的心愿，我还能再讲些什么呢？是不是我已经没话好讲了？不。倘若非要让我下个结论，我要说的是，这本书永远都不会结束，因为一旦善意撒播出去，便开始蔓延，它们拥有强大的力量，永不会停歇！

我坚定地认为我的理论——善行能够改变这个世界，会赢得剩下的迟疑者，最终我们能把每个人都带到行善这趟“列车”上来。请与我们一起踏上旅途，加入到我们的队伍中，每天都做一点儿好事。

可能你还需要一些说服的理由，或者你身边的一些人还不愿意加入进来。如果这样，让我们先花点时间来看当你有意识地选择思善、言善和行善时，你会收获哪些益处。

第一，善行能够帮你建立自尊和自信；第二，善行能让你成为一名领导者和激励他人之人；第三，善行会激发你最卓越的内在；第四，善行会让你的生活更加幸福、更快乐。

建立自尊与自信

Activate Your Goodness | 当我有意识地选择关爱自己时，事情就会发生很大的变化。

让我们来探究第一点，善行如何帮你建立自尊和自信，它作用于各个层面。在身体层面，回顾一下当你对自己的身体感觉糟糕的时候。这时，你可能穿的是一身旧衣服，你觉得无论穿什么都不好看。你就是对自己提不起劲儿来。反之，当你更爱自己了，比如每天花点儿时间穿戴整齐，你会感觉好些。当你化完了妆（若你是位男士，你可能花了点儿时间剃胡须，还用了点儿须后水），你会觉得自己有很大的改变。当人们更爱自己时，他们都会感觉更好。

然后，你看到镜中的自己，说："今天我看起来棒极了！"我就是这样。在我的生活中，当我有意识地更爱自己时，事情就会发生很大的变化。对于我来说，关爱自己的方式是每天早上出去跑个步或散个步，或是花点儿时间来冥想——通过这种方式，我能够充满信心地迎接美好的一天。

在情感层面，当感觉难过和失落的时候，你可能会发现自己更容易抱怨生活中那些不如意的事情，比如，某个人不在乎你的感受或者惹恼你了。在这种情况下，你无法让自己感觉好受起来，因为你不会往快乐的方面去想。但是如果你能转变心态，努力不让自己停留在那些事情里面，尝试着用积极的态度去想一天中好的方面，你会很快发现生活变得越来越顺利。这是你所思所想的自然表露，如果你的行为能让自己满意，那么，你会得到更多的信心和更充分的自尊感。

Activate Your Goodness

用爱带来改变

一位妇女因为遭到男性伴侣的虐待，被送到收容所。她不愿离开收容所，因为没有钱买化妆品，也没有钱去做头发，她担心自己会被熟人认出来。幸运的是，有一个美发店老板从收容所的社工那里听说了像她这样情况的妇女，他提出要帮助她们。他们约定了几个晚上美发店不关门，让这些妇女可以私下里来。他免费提供服务，为她们打造全新的形象，让她们在美发店得到细致的照顾。他还请了一位化妆师朋友来帮忙。

他们的工作带来了神奇的效果。一位妇女因为懂得了如何关爱自己而变得更快乐了，现在的她更自尊、更自信。“很多年来，我脸上唯一的颜色是乌青和紫血。今天，感谢这个神奇的地方，我知道了如何化妆，懂得了爱自己，我为自己是一名女性感觉好极了。”

激发潜在的领导力

Activate Your Goodness

善意逐渐地通过善行扩散开，并带来巨大的改变。你也可以做到，你可以通过自己的善行成为领导者，你会成为其他人的榜样并时时激励他们。

现在，让我们来看第二点。我认为善行可以使你成为一名领导者，激励其他人。从我个人来说，我总是被那些改变了世界的伟人激励着，比如马丁·路德·金、甘地、特蕾莎修女，我敬仰他们。不只是崇拜名人，我也尊敬世上每一个做着了不起事情的人，不管他们是利用自己的专业技能还是天赋才能，他们都激励着我。

Activate Your Goodness

我曾在国际频道上看到过一个故事，讲的是一名医生来到一个位于南美洲的小村庄，帮助生活在那里的身体有残疾的居民。他帮他们安装上了假肢，为那些人带来了意想不到的改变。

人们对这名医生给予的帮助心怀感恩。虽然大多数人没有能力支付费用，但对于这位医生来说，用他的专业技能造福人类，比什么都重要。

还有一个充满吸引力的故事，故事的主角是一个想要帮助无家可归的瘾君子的男人。他知道在镇上这些瘾君子聚集的地方，于是他想到了一个好主意：每天都在附近跑步。每天，他跑步时都会经过这些瘾君子的身边，慢慢地，随着时间的推移，这些无家可归者开始跟着他一起跑。最终，甚至有几个人停止了吸毒，因为他们对自己的身体和生活都开始产生了信心，他们的感觉越来越好。

第二个故事很令我感动，因为故事中的主角通过自己的行动，潜移默化地激励了那些需要帮助的人。实际上，他传达给了他们一个非常简单的让他们对自己建立信心的方式。他的善意逐渐通过他的行动扩散开来，并带来了巨大的改变。你也可以做到，你可以通过你的善行成为领导

者，你会成为其他人的榜样并时时激励他们。

即便是那些安静地坐在公园草地上或者海边打坐冥想的人，也可以成为其他人的榜样。很多时候，在一个地方，当一个人开始这么做时，就会有其他人跟着这么去做。有人开了个头，另一个人加入进来，紧接着又一个人加入进来，如此循环往复。然后你会看到有一群人在打坐冥想，他们推动着正能量的聚集和前进；你会发现，似乎在突然之间，那个静静坐着的人成了大家的“领导”。

在我自己的社区，我很幸运地遇见了两位励志的榜样，认识他们缘于我们一起编导了行善日的专访。专访被展示在以色列最大的新闻门户网站上。这两位年轻人来自以色列身心障碍儿童协会（Association for Physically and Mentally Challenged Children）。埃弗瑞特患唐氏综合征，马特内尔有特殊需求，但他们依然想参与行善日活动，尽他们所能提供帮助。

专访进行得相当顺利，我相信很多观众会被他们的热情感染。当我听到埃弗瑞特和马特内尔找到了他们适合做的事情，参与到了行善日的活动中时，我为此兴奋不已。他们成为志愿者，去看望了老人和外国工人的孩子，为这些人带去了欢乐。虽然这两个年轻人有各自的困难，但并没有被困扰其中。相反，他们想方设法去帮助他人，是我们很多人的励志榜样。埃弗瑞特和马特内尔继续前进，制作了一部很棒的纪录片，名为《一次特殊的采访》(*Special Interview*)。在这部纪录片里，他们记录了采访美国总统奥巴马实现梦想、追求梦想的征途。

和最卓越的内在连接

Activate Your Goodness | 当你对自己好时，你会对自己更友善、更关爱，然后，你就会有更多的爱去奉献给他人。

那么现在该来谈谈第三点了：你的善行如何激发你最卓越的内在。一个人的善行展现的是各种好的品质，比如为人善良，待人谦恭，善于接纳，富于爱心、耐心、同情心和宽容心。当你对自己好时，你会对自己更友善、更关爱，然后，你就会有更多的爱去奉献给他人。

这里我要讲一个自己的例子。我经历的一段亲密关系把我的心打开了。虽然长大伴随着一些痛楚，但长大的经历本身是很有价值的一课，它教给我如何保持耐心，教我学会如何接纳身边的人和所发生的事。通过学会对自己、对他人好，最终我学会了如何接纳别人，接受他们本来的样子。

现在我知道了自己想要的是什么，以及忠于自己内心的重要性。我还知道了我的内心有多强大，我信任自己。这对于我来说是最重要的一堂人生课，学习如何放下，相信一切的发生最终都是好的，相信上帝，相信宇宙中蕴藏的力量。我想这段经历激发了隐藏在我内心深处的卓越品质，对此我心怀感恩。所有这一切的发生是因为我聚焦到了行善上。

通过行善，你会发现蕴藏在你身上的、连你自己都意想不到的品质。

的哥们的“举手之劳”

我听说过一个出租车公司调度员的故事，他总是对医院充满了紧张的情绪。但是当有一名出租车司机因心脏手术住院后，他几乎天天都去医院看望。在医院里，调度员看到了病人家属的艰难，他们整天寸步不离地陪伴在病人左右，照料病人。他还发现，对于家属来说吃饭并非易事，因为医院的饭菜很贵。如果他们需要点什么，这些东西也很难得到。而最麻烦的是理解医生说的那些医学术语。

这位调度员解释道：“我开始想该如何帮助他们，我列了一张公司里所有司机的名单，召集大家一起来伸出援手。有人带来了茶和咖啡；另一个人带来了他的女儿，她是一名医生，帮忙了解和解释病人的情况；还有人为家属安排了饭菜。这就是我们在生病的司机住院期间，帮助他和他家人所做的事情。”

当这个司机出院后，公司决定继续做好事。如今，所有的出租车司机都成了医院的志愿者，他们帮助病人家属，努力解决他们的困难。出租车司机们为家属带来食物，帮助他们去做一些跑腿的事情，比如付账单或者接孩子放学——这是司机们很乐意效劳的事情，因为他们原本就成天开着出租车奔波在路上。

或许这些事情是司机们之前未曾料到的，但是现在他们做了，并且做得非常好。他们帮助了别人，同时也激发了自己卓越的内在。

提升幸福感和快乐感

Activate Your Goodness

当你身处黑暗，没有方向、无所适从时，突然在你面前出现了一盏灯，它照亮了你脚下的路，让你看清前路、找到希望。善意就是那一盏灯，其所及之处，是快乐、幸福和宁静。我想，当我们思善、言善和行善时，我们自然会体会到更多愉悦的感觉。

最后，我想来说说行善是如何给你的生活带来更多幸福感和快乐感的。让我们想象一下，当你身处黑暗，没有方向、无所适从时，突然在你面前出现了一盏灯，它照亮了你脚下的路，让你看清前路、找到希望。善意就是那一盏灯，其所及之处，是快乐、幸福和宁静。我想，当我们思善、言善和行善时，我们自然会体会到更多愉悦的感觉。

要认识到这一点，你只需想想当你没有思善或行善时，你的感觉是怎样的。如果你知道自己正在做的事情不对，或者有悖于自然，又或者可能会伤害到他人，你应该会感觉到内疚、羞耻和尴尬。

对我来说，有很多事情能给我带来快乐和幸福的感觉。当然，最重要的是我的孩子们——和他们在一起、看着他们长大、分享他们的生活。还有很多其他事让我感到快乐，比如一场动听的音乐会、一部激励人心的电影、人们脸上的笑容、一阵欢快的笑声，等等。

我乐于去激励他人，无论是一对一还是面对一群人去演说。当我看到人们眼里闪烁的光芒时，知道他们接收了我传递的信息，我会感到无比兴奋和喜悦；当我看到人们领悟到了我表达的意思，变得像灯光那样，我知道他们受到了激励，他们会为自己和他人创造积极的改变——没有什么能比这些更令我开心的了。

对于我来说，写作本书也是传递我的理念的一种方式。这样，人们便可以与他们自己进行连接，把善意传递到生活的各个方面，引起更多的共鸣。接下来，让我们找到我们共同的努力是如何积蓄势头的——创造质变的善意到来了。

Activate Your Goodness

International Good Deeds Day

10

小善行，让爱传递

从最简单的地方开始

开辟网络阵地

行善日在世界各地广为传播

行善活动，改变了他们的生活

那些善意的声音，让我找到了归属

我坚定地认为，大家都能以一己之力或多或少地帮助到其他人。每一个人都可以通过做好事来为我们生活的社区作出贡献。

10
小善行，让爱传递

有一天早上，当我在以色列的一个沙丘上像往常一样散步时，设立行善日的主意在脑海中闪现。我想：为什么不在一年之中安排一天，在那一天，每一个人都被鼓励着去做好事呢？这一天的活动对参加者唯一的要求是有行善的愿望。

这个想法的来源是，我坚定地认为，大家都可以凭一己之力或多或少地帮助到其他人。每一个人都可以通过做好事来为我们生活的社区作出贡献。

我认为做好事就像对人微笑那样简单——当你向别人微笑时，就传递了你的正能量。或许有人会选择在那一天参加集体活动——成为志愿者，从事社区发展的公益活动。

当很多人聚集到一起时，哪怕只是一天，人们也可以达成许多善事，比如清理公园或海滩，给社区中心刷上新的涂料，与老人聊天、为他们演奏音乐，或者和他们一起玩些游戏，给他们带去快乐。

当我首次与我的团队谈这个想法后，大家认为很有意义，可以由阿里森的非营利性机构 Ruach Tova 组织和运营这个项目。第一次行善活动于当年春天举行。活动上，各个慈善组织有了向公众介绍和推广自己的机会。这一天对于志愿者来说也是特别的：他们在这一天庆贺属于自己的、让他们欢欣鼓舞的时光，这一天，他们让全世界听到了他们的心声。

我与团队开始致力于推广这样的活动，我们想鼓励每个人都参与进来，无论他是独自行动，还是和邻居、同事或朋友一起参加社区服务。我们还欢迎各个年龄段的学生、老人、士兵……Ruach Tova 收到了各种咨询，帮助人们与在他们社区进行的行善日活动牵线搭桥。

从最简单的地方开始

2007 年，我们在以色列启动了第一届行善日活动，大约有 7 000 人参加了此次活动。Ruach Tova 和阿里森团队将活动组织得井然有序，他们的工作非常出色，并安排我在这一天去参观了各个活动现场。每当到达一个目的地为志愿者加油的时候，我都会情不自禁地被现场充满爱与善意的气氛所感动，因那些受助者脸上的笑容而动容。志愿者们穿着为行善日特别定制的 T 恤，他们的热情充满了感染力。

2008 年，我们开始与以色列的大报纸建立合作，通过他们的报纸和网络端发布信息。让人惊喜的是，这一年的参加人数较 2007 年翻了一番。到 2009 年的时候，参加人数竟然超过了 4 万，他们来自以色列各地，并共同参与到社区服务中或者以一己之力帮助他人。

2009 年，我们继续与报纸合作，也保留了其他常规的传播渠道，并增加了社交媒体的传播平台，如通过

Facebook 发布信息。想要加入进来的机构和社区越来越多，我们的团队忙于追踪、跟进各种项目和志愿者，把与我们取得联系的人和机构进行搭配组合，确保每个人在行善日那天都有事情可做。

在随后的几年里，参加人数保持了持续的增长，我们还收到越来越多来自以色列之外的人们发给我们的信息，告诉我们他们喜欢行善日这个主意，也想参与进来。2010 年，有约 7 万人出来做好事，且这个数字在 2011 年又增长了一倍。

开辟网络阵地

正当策划 2012 年行善日活动的时候，我们很兴奋地发现了一家与我们很匹配的新推广赞助单位。MTV 欧洲频道（MTV Europe）加入了进来，成为我们的战略合作伙伴，帮助我们向全世界传播行善理念。他们帮我们开拓新阵地，吸引国际观众，尤其是年轻人的注意。

10
小善行，让爱传递

MTV 国际频道（MTV International）在 2012 年行善日到来前的 6 周播出了由他们制作完成的一档精彩的电视节目和网络广告片。他们创建了一个自主主持的联合网站，提供了一个有激励性的奖项。此外，他们编辑的频道还用来帮我们推广行善日的理念。这场“战役”取得了巨大的成功，在网络电视上吸引了 2 400 万的浏览量。人们在专门的网站上分享他们做的好事、取得的进步、照片和故事。

不仅是这场“战役”扩散到了欧洲的 24 个国家，我们也从社交媒体上收到了来自近 50 个国家和地区的不计其数的反馈。我们努力地把行善日国际化，在 2012 年，来自以色列和世界各地的超过 25 万人参加了行善日的活动，以个人或集体的形式，把他们的善意付诸行动，变为善行。那一年，以色列的 163 个地方政府加入了行动。这简直就是一件神奇的事情。

在行善日那一天，人们开展了多达 3 700 个项目。其中有帮助老年人的房子粉刷的项目，有帮助学校或托儿所翻新校舍（园舍）的项目，有帮社区花园种花草的项目，也有为邻居合奏音乐的项目，还有数百人参加递送食物的活动，等等。

看到人们想出来的如此多样的项目和创意，实在令人震撼！理发店和美发厅为付不起钱的人提供免费理发服务，他们给予的细心照料使这些人精神振作。而一些被剪下来的头发会被捐献给为失去头发的癌症病人制作假发的机构。

我听说了一位英国妇女的故事，她全年都在身体力行做好事：她会把硬币留在购物车里给下一位顾客——虽然只是一个小举动，但也足以感动下一位顾客。在一个社区，有人想到了一个主意：把街头独立的音乐人组织起来，让他们在中央广场一起表演，为附近的人们创造美好的视听享受。

地方慈善会很快发现，行善日所营造的氛围是一个鼓励大家捐助的好时机，同时他们与有意继续致力于慈善事业的志愿者签订了全年服务协议，让志愿者的善意在这一天的活动之外得以延续。

随着行善日活动的开展，我们很高兴地看到它在全球的发展和扩张。不管谁为他人或是我们生活的地球做了好事，善意就会扩散开来，吸引越来越多的人和社区加入进来。

这种方式让行善日不仅局限在特定的一天，也影响并带动了每一天。如果我们接受了行善日带来的积极价值，每天都付诸行动，相信会激发更多人为我们这个世界创造改变，带来美好。我很开心能与大家分享数以千计的行善行动中的一部分，希望这能激励你去创造你自己的改变。

行善日在世界各地广为传播

在印度有一个人，当看到社区里一棵漂亮的大树在靠近火车站月台的地方倒下后，他很难过。他发现，是因为园丁在修剪这棵树的时候往后修剪太多，从而导致树倒下了。但是火车站的人装作没有看见，他们拒绝帮忙重新栽种。当他们转身的时候，这个人往前进了一步：“我的直觉让我重新栽种一株小树苗。我这么做是为了大地母亲和人类，还有在这棵大树上栖息的鸟儿。”

我们还听说了在南美洲的创意小组的故事。他们决定制作一条大型标语，上面写上“相互帮助是这个世界上最美好的事情”，以此记录在布宜诺斯艾利斯的行善日，他们把横幅拉在了最繁华的马路口。此外，他们将糖果和写了行善建议的纸条发放给正在等红灯的司机。通过这样的方式，他们很快看到了回应。起先，疲惫不已的司机们对他们的行为感到很困惑，但当收到糖果、读了纸条之后，很多人露出了笑容，他们感谢志愿者的付出，还有一些人干脆加入到志愿者的队伍。通过这样微小的行善举动，在这个繁忙的路口，一种友爱之情迅速传播开来。

在乌克兰，行善日更进了一步，它从一天延长至了一周，在 8 座城市开展活动，拥有 10 000 名志愿者。其中有一个令人印象深刻的由志愿者组织的活动。这些志愿者安排了一个慈善拍卖会，拍卖的是由孤儿和病儿创作的艺术作品。除了孩子们的画，志愿者还收集了这些孩子的愿望，做了一棵“愿望树”，树上每一片叶子都写下了一个孩子的愿望，参加拍卖会的人应邀来满足孩子们的愿望。一个孩子许的愿是想得到一个新朋友，作为回应，另一个在场的孩子立马跳出来抓住了这个机会，他还把自己的动物玩具送给了他的新伙伴。

行善活动，改变了他们的生活

在美国的许多城市，人们以集体或个人的形式开展了丰富多样的行善日活动。比如，在纽约的一群普通员工加入了两个社会服务小组，在一个星期天的雨天，义务为留守在家的市民递送节日食物套餐。其中有一位女性经历了令她非常感动的事情。按照分派给她的地址，她按响了那户人家的门铃，化了妆、身着漂亮裙子的女主人热情迎接了她。两人用了一个上午的时间谈天说地，她们还约定以后每个周日都要见面，共享午餐。

当我想起一个住在新泽西州的年轻姑娘的故事时，总会不由自主地微笑。这个姑娘在一个贫困地区的课外班里教孩子们摇摆舞。行善日到来的时候，她决定组织孩子们为当地的养老院举行一场演出，给那些老人带去欢乐，让他们度过充满阳光的一天。她觉得摇摆音乐和摇摆舞在20世纪前半期很流行，那些老人应该会喜欢这场演出的。孩子们为演出做了认真的排练，他们还特地为这场演出定制了T恤衫。养老院的老人看到这么一群活力四射的孩子，非常开心，他们很喜欢看这些孩子跟随着他们从小就熟悉的音乐翩翩起舞。

在洛杉矶有一家专为单亲母亲家庭开办的托儿所，这家托儿所的墙面损坏严重，急需修补。当地一家商铺提出赞助新鲜的涂料，并在行善日那天，把他们所有的员工带来，把破损的墙面粉刷得焕然一新。托儿所的保育员提议用明亮和舒缓的黄色，于是，这些志愿者开心地把游戏室涂上了这种像阳光一样的颜色，他们还增加了造型奇特的动物模型。第二天，当孩子们和妈妈们走进托儿所的时候，新的布置让他们绽露出了灿烂的笑容。

在新罕布什尔州，有一个对写作充满了热情的年轻人，他想要与别人分享自己写的短篇故事。他找啊找，终于找到了一个有兴趣倾听他讲故事的盲人听众。在行善日那天，这个作家去了盲人家里，花了一个下午的时间，读故事给他听。这样的见面使他们两人都受益匪浅，同时，他们也成为朋友。这位盲人非常投入地听故事并享受其中，并告诉作家，任何时候他写了新故事想让别人提意见，自己都愿意做他的听众。

在北卡罗来纳州的罗利地区，超过 100 人参加了行善日活动，活动包括收集食物、到收容所分派午餐、捐助有需要的家庭，以及为留守老人制作节日篮子。篮子受到了热烈欢迎，有人评价道："在节日里收到这么一个贴心的篮子，真是太好了，篮子里装满了我需要的东西，这些东西我原本也是要费些周折去买的。而且最贴心的是，里面有一张纸条，纸条上写了祝我节日快乐，还写了一个名字和电话号码，以备我需要别的什么帮助。这让我感到在这个社区里，人们是相互关心着的。"

那些善意的声音，让我找到了归属

你会发现，好主意总是无穷无尽，行善的方式也是多种多样。我在这本书里提到了许多集体的行动，还有成千上万人通过他们自己的力量做的好事无法一一在此枚举。

在本章结束前，让我再来分享一个故事，故事依然发生在以色列。有一次，我正在进行行善日的巡视，突然听到从树上传来的声音。我抬头看见一些肩上扛了袋子的年轻人，他们正爬到树上帮农夫采摘成熟了的橘子。这些年轻人来自美国，他们用兴奋的语调说着英语，我也因此兴奋起来，感觉自己回到了美国的家乡。这一整天我都被自己的团队、以色列的媒体、讲希伯来语的志愿者围绕着；能听到这些做好事的年轻人快乐说英语的声音，真是一个惊喜。

我突然意识到，自己不再需要为我的根、我的身份而徘徊犹豫——关于我属于哪个国家或哪个世界。在那美好的一天，我很清楚地明白了我是美国人，也是以色列人，我与所有人一样是这个世界的居民，我们是一个整体。

所以，从现在开始，每年春天，在行善日那天，请你做一件好事，让别人受益，让他人快乐，共同改善我们人类的生存状况和自然环境。这样的善行会提升你的生活质量，令你更快乐，因为你为这个世界变得更美好贡献了自己的力量。

为何不每天都做好事呢？当你思善、言善和行善时，你会发现自己在尽力表达自己的美好愿望和信念。通过这样的方式，我们一起为自己和下一代创造了真正的、永久的改变。

结语

行善，照亮内心的一盏灯

人们在这个世界上承受着许多痛苦——贫穷、疾病、死亡、灾害，大多数人在遇到艰难时，倾向于抱怨外部环境和那些无法被我们掌控的事情。我以前就是这样。经济形势、情感破裂、健康问题……看上去总是有许多痛苦让我们去承受。当然，每个人都会经历挫折，有一些问题也的确会超出我们的掌控，但成长就一定得忍受剧痛吗?

痛苦真正发生在哪里? 我认为是在我们的脑中、心中和身体里。然而总有一天，我们会说:“我不想再忍受这些痛苦了！”

当我的这一天到来时，一盏灯已在我的心中燃起，我意识到此前的痛苦都来自我自己。想一想：你“住”在哪里？我知道我“住”在由我的意念构成的思想和感觉的世界里。

那一天，我做了一个有意识的决定，这个自觉的选择是：我不想再忍受痛苦。从那一刻开始，我“活”了过来。也就是在那时，我清醒地意识到，之前实际上是我自己导致了我的痛苦，外部世界只是我的学习背景，在我身上发生的这些事情原本都可以让我从中学习和成长的。意识到这一点之后，我选择了快乐、健康和内心的宁静。

是的，这条路很漫长，我还在其中跋涉，但是，每天都有新的醒悟。我建议我的读者放下心中痛苦，选择快乐、健康和内心宁静的生活，找到属于你自己的特别方式来实现这个目标。通过行善，你会找到想要的答案。

致谢

我想要感谢的人有很多，如果要写下这些人的名字，可能一本书都还不够。诚挚的感谢首先献给我的家人和朋友，尤其是我的孩子们，以及在家庭和工作中朝夕相处的人们，感谢大家对我的全力支持。我还要感谢在我们旗下企业和慈善事业的管理团队和董事会成员，以及我的合作伙伴、顾问和员工，特别感谢为这本书提供无私帮助的人们。

感谢我的出版代理人，来自 Waterside 制作公司的比尔·格莱德斯通（Bill Gladstone），感谢他鼓励我写第二本书，并在此过程中给予我许多支持和帮助。感谢 Hay House 出版社的编辑和推广团队。我由衷感激诺娅·曼海姆（Noa

Mannheim），她为编辑我的第一本书《新生》付出了巨大的心血和宝贵的时间。我要对西蒙·格雷厄姆（Simone Graham）说声“谢谢”，他是本书的编辑和顾问，为这本书的出版作出了贡献。

译者后记

在这个快节奏的时代里，每个人的步履都是匆忙的。在十字路口，红灯亮了，人们停下来，焦急地等待绿灯亮起；在公共汽车站台，公交车一进站，人们一拥而上，相互推搡；在上下班高峰时段，汽车堵在路上，司机按着喇叭催促前面的车快点走，但是无济于事……

如果一切能够暂停，重新开始：红灯亮了，人们停下来，相互点头微笑致意，这等待的时间便充满了温暖；公共汽车进站了，人们排着队，依次上车，男人礼让给女人，成年人礼让给孩子，青年人看见老年人会扶一把，这样的情景足以让我们感动，更加热爱这美好的一天；遇到了堵车，不是催促，而是从自己做起，遵守交通规则、秩序井然地排队行进……我们都喜欢一个充满善意的世界，而我们自己正是这个世界的一分子，所以，我们可以以自己的善意去影响这个世界，这个世界终将因为人们的善意而有所改变，一切是从我们自己开始！莎莉·阿里森用她自己的故事和行动告诉了我们这一切可以变成现实！

翻译一本书好比经历一次最深度的阅读，起先是从文字里读到作者的故事、体会她的思想，好像听到她本人在娓娓道来；然后得想办法转述她说的话，这是最困难的一步，好的翻译不仅仅要翻译原文，还要消除文化和语言习惯上的隔阂，传递作者的精神。于是，在翻译过程中，译者得不断向作者“靠近”，反复看她的文字，琢磨她叙述的语气，再抽离，创造转述的形式。但也正因为如此，其间有了更多和作者反复“对话”的机会，了解她越多，喜欢变得也越多。

我诚挚地邀请大家都来读读这本书，它会让你明白善意是让我们获得快乐的源泉，行善是我们与这个世界相处的最好的方式。从善待自己开始，到家人、到社会、再到更广阔的范围，这本书会给予我们力量，让我们成为内心渴望成为的那个人，也会让我们看到一个美好、充满温暖的世界是现实存在的。改变，就从遇见开始吧，希望大家和我一样，在温暖文字中建立和作者的“对话”，产生共鸣，得到力量！

在翻译这本书的过程中，我要特别感谢叶蔚、张琦、仇尉、陈谷丰、陆意波、朱科、钱敏等人无私的帮助，因为大家的努力，使得这本书能够如期翻译完成。再次感谢并祝福所有促成这本书成功出版的人们！

湛庐，与思想有关……

如何阅读商业图书

商业图书与其他类型的图书，由于阅读目的和方式的不同，因此有其特定的阅读原则和阅读方法，先从一本书开始尝试，再熟练应用。

阅读原则1 二八原则

对商业图书来说，80%的精华价值可能仅占20%的页码。要根据自己的阅读能力，进行阅读时间的分配。

阅读原则2 集中优势精力原则

在一个特定的时间段内，集中突破20%的精华内容。也可以在一个时间段内，集中攻克一个主题的阅读。

阅读原则3 递进原则

高效率的阅读并不一定要按照页码顺序展开，可以挑选自己感兴趣的部分阅读，再从兴趣点扩展到其他部分。阅读商业图书切忌贪多，从一个小主题开始，先培养自己的阅读能力，了解文字风格、观点阐述以及案例描述的方法，目的在于对方法的掌握，这才是最重要的。

阅读原则4 好为人师原则

在朋友圈中主导、控制话题，引导话题向自己设计的方向去发展，可以让读书收获更加扎实、实用、有效。

阅读方法与阅读习惯的养成

（1）回想。阅读商业图书常常不会一口气读完，第二次拿起书时，至少用15分钟回想上次阅读的内容，不要翻看，实在想不起来再翻看。严格训练自己，一定要回想，坚持50次，会逐渐养成习惯。

（2）做笔记。不要试图让笔记具有很强的逻辑性和系统性，不需要有深刻的见解和思想，只要是文字，就是对大脑的锻炼。在空白处多写多画，随笔、符号、涂色、书签、便签、折页，甚至拆书都可以。

（3）读后感和PPT。坚持写读后感可以大幅度提高阅读能力，做PPT可以提高逻辑分析能力。从写读后感开始，写上5篇以后，再尝试做PPT。连续做上5个PPT，再重复写三次读后感。如此坚持，阅读能力将会大幅度提高。

（4）思想的超越。要养成上述阅读习惯，通常需要6个月的严格训练，至少完成4本书的阅读。你会慢慢发现，自己的思想开始跳脱出来，开始有了超越作者的感觉。比拟作者、超越作者、试图凌驾于作者之上思考问题，是阅读能力提高的必然结果。

好的方法其实很简单，难就难在执行。需要毅力、执著、长期的坚持，从而养成习惯。用心学习，就会得到心的改变、思想的改变。阅读，与思想有关。

[特别感谢：营销及销售行为专家 孙路弘 智慧支持！]

我们出版的所有图书，封底和前勒口都有“湛庐文化”的标志

并归于两个品牌

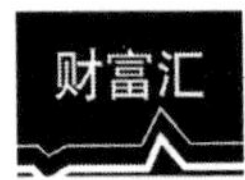

找“小红帽”

为了便于读者在浩如烟海的书架陈列中清楚地找到湛庐，我们在每本图书的封面左上角，以及书脊上部47mm处，以红色作为标记——称之为**“小红帽”**。同时，封面左上角标记**“湛庐文化Slogan”**，书脊上标记**“湛庐文化Logo”**，且下方标注图书所属品牌。

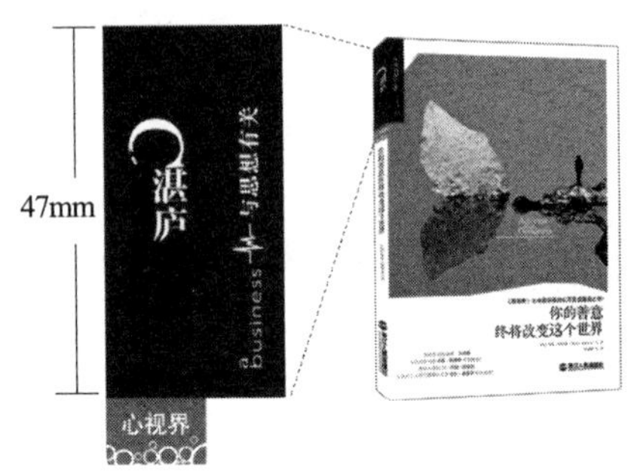

湛庐文化主力打造两个品牌：**财富汇**，致力于为商界人士提供国内外优秀的经济管理类图书；**心视界**，旨在通过心理学大师、心灵导师的专业指导为读者提供改善生活和心境的通路。

阅读的最大成本

读者在选购图书的时候，往往把成本支出的焦点放在书价上，其实不然。

时间才是读者付出的最大阅读成本。

阅读的时间成本=选择花费的时间+阅读花费的时间+误读浪费的时间

湛庐希望成为一个“与思想有关”的组织，成为中国与世界思想交汇的聚集地。通过我们的工作和努力，潜移默化地改变中国人、商业组织的思维方式，与世界先进的理念接轨，帮助国内的企业和经理人，融入世界，这是我们的使命和价值。

我们知道，这项工作就像跑马拉松，是极其漫长和艰苦的。但是我们有决心和毅力去不断推动，在朝着我们目标前进的道路上，所有人都是同行者和推动者。希望更多的专家、学者、读者一起来加入我们的队伍，在当下改变未来。

湛庐文化获奖书目

《大数据时代》

国家图书馆“第九届文津奖”十本获奖图书之一
CCTV“2013 中国好书”25 本获奖图书之一
《光明日报》2013 年度《光明书榜》入选图书
《第一财经日报》2013 年第一财经金融价值榜“推荐财经图书奖”
2013 年度和讯华文财经图书大奖
2013 亚马逊年度图书排行榜经济管理类图书榜首
《中国企业家》年度好书经管类 TOP10
《创业家》“5 年来最值得创业者读的 10 本书”
《商学院》“2013 经理人阅读趣味年报·科技和社会发展趋势类最受关注图书”
《中国新闻出版报》2013 年度好书 20 本之一
2013 百道网·中国好书榜·财经类 TOP100 榜首
2013 蓝狮子·腾讯文学十大最佳商业图书和最受欢迎的数字阅读出版物
2013 京东经管图书年度畅销榜上榜图书，综合排名第一，经济类榜榜首

《爱哭鬼小隼》

国家图书馆“第九届文津奖”十本获奖图书之一
《新京报》“2013 年度童书”
《中国教育报》“2013 年度教师推荐的 10 大童书”
新阅读研究所“2013 年度最佳童书”

《牛奶可乐经济学》

国家图书馆“第四届文津奖”十本获奖图书之一
搜狐、《第一财经日报》2008 年十本最佳商业图书

《影响力》(经典版)

《商学院》“2013 经理人阅读趣味年报·心理学和行为科学类最受关注图书”
2013 亚马逊年度图书分类榜心理励志图书第八名
《财富》鼎力推荐的 75 本商业必读书之一

《影响力》(教材版)

《创业家》“5 年来最值得创业者读的 10 本书”

《大而不倒》

《金融时报》·高盛 2010 年度最佳商业图书入选作品
美国《外交政策》杂志评选的全球思想家正在阅读的 20 本书之一
蓝狮子·新浪 2010 年度十大最佳商业图书，《智囊悦读》2010 年度十大最具价值经管图书

《第一大亨》

普利策传记奖，美国国家图书奖
2013 中国好书榜·财经类 TOP100

《卡普新生儿安抚法》(最快乐的宝宝 1·0~1 岁)

2013 新浪“养育有道”年度论坛养育类图书推荐奖

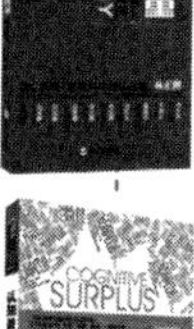

《正能量》

《新智囊》2012 年经管类十大图书，京东 2012 好书榜年度新书

《认知盈余》

《商学院》“2013 经理人阅读趣味年报·科技和社会发展趋势类最受关注图书”
2011 年度和讯华文财经图书大奖

《神话的力量》

《心理月刊》2011 年度最佳图书奖

《真实的幸福》

《职场》2010 年度最具阅读价值的 10 本职场书籍

延伸阅读

《负责任的企业》

◎ 畅销书《任性总裁的成功创业法则》作者，巴塔哥尼亚公司创始人兼所有者伊冯·乔伊纳德经典作品。

◎ 刷新人们的价值观，引发人们对商业模式和消费方式的新思考。

《脆弱的力量》

◎ 最受欢迎的 5 大 TED 演讲者、美国最具影响力女性之一布琳·布朗感动之作，美国亚马逊超级畅销书。

◎ 第一本从脆弱、羞耻感的角度探讨爱、归属感与人生的著作，超过 1 400 万人聆听的心灵震撼，2014 年最直击人心的共鸣。

《人生的规则》

◎ 享誉国际的著名培训专家，畅销书作家谢莉·卡特 - 斯科特倾心力作。风靡全球 39 年的灵性之书，教你平息心中纷乱，倾听自己的内心。

◎ 国际著名励志大师、全球第一畅销书《心灵鸡汤》作者之一杰克·坎菲尔德，美国亿万富翁制造机马克·汉森鼎力推荐。

《幸福的社会》

◎ 幸福是全社会唯一值得努力的目标。英国“首席幸福经济学家”理查德·莱亚德经典力作。

◎ 清华大学心理学系主任彭凯平、哈佛大学社会学家罗伯特·帕特南联袂推荐。

图书在版编目（CIP）数据

你的善意终将改变这个世界 /（以）阿里森著；陈慧健译. —杭州：浙江人民出版社，2015.9
ISBN 978-7-213-06849-2

浙江省版权局
著作权合同登记章
图字:11-2015-152号

Ⅰ.①你… Ⅱ.①阿… ②陈… Ⅲ.①成功心理-通俗读物 Ⅳ.①B848.4-49

中国版本图书馆CIP数据核字（2015）第198143号

上架指导：成功 / 励志

你的善意终将改变这个世界

作　　者：［以］莎莉·阿里森　著
译　　者：陈慧健　译
出版发行：浙江人民出版社（杭州体育场路347号　邮编　310006）
市场部电话：（0571）85061682　85176516
集团网址：浙江出版联合集团　http://www.zjcb.com
责任编辑：罗　旭
责任校对：戴文英
印　　刷：北京鹏润伟业印刷有限公司
开　　本：880 mm×1230 mm　1/32　　**印　　张：**6
字　　数：7.9万　　**插　　页：**3
版　　次：2015年9月第1版　　**印　　次：**2015年9月第1次印刷
书　　号：ISBN 978-7-213-06849-2
定　　价：36.90元